图解

《工程质量安全手册(试行)》及应用

谭艳平　计富元　王春红　主　编

王东贺　副主编

化学工业出版社

·北京·

内容简介

本书共 7 章，内容包括总则、行为准则、工程实体质量控制、安全生产现场控制、质量管理资料、安全管理资料、附则。

本书参考最新国家标准，对工程质量安全手册进行了详细的说明，说明分三方面内容：依据、内容解读以及如何做。本书内容翔实、言简意赅、针对性强、深入浅出、层次分明，且有现场图片，具有较强的实践指导价值。

本书可供工程建筑各方人员使用，也可作为从事施工图设计、审核人员的参考用书，还可以作为大专院校建筑相关专业师生的参考用书。

图书在版编目（CIP）数据

图解《工程质量安全手册（试行）》及应用 / 谭艳平，计富元，王春红主编. —北京：化学工业出版社，2022.11
ISBN 978-7-122-42096-1

Ⅰ. ①图… Ⅱ. ①谭… ②计… ③王… Ⅲ. ①建筑工程－安全管理－图解 Ⅳ. ①TU714-64

中国版本图书馆 CIP 数据核字（2022）第 160564 号

责任编辑：彭明兰 　　　　　　　　文字编辑：徐照阳　陈小滔
责任校对：王鹏飞 　　　　　　　　装帧设计：张　辉

出版发行：化学工业出版社（北京市东城区青年湖南街 13 号　邮政编码 100011）
印　　刷：三河市航远印刷有限公司
装　　订：三河市宇新装订厂
787mm×1092mm　1/16　印张 16¾　字数 429 千字　2023 年 4 月北京第 1 版第 1 次印刷

购书咨询：010-64518888 　　　　　　售后服务：010-64518899
网　　址：http://www.cip.com.cn
凡购买本书，如有缺损质量问题，本社销售中心负责调换。

定　　价：78.00 元

>>> 前 言

2019 年《工程质量安全手册（试行）》发布后，2020 年初住房和城乡建设部工程质量安全监管司专门发文《关于印发〈住房和城乡建设部工程质量安全监管司 2020 年工作要点〉的通知》，该要点着重强调：改革完善工程质量保障体系，推动建筑业高质量发展；提升安全治理能力，防范减少事故发生；完善城市轨道交通工程安全风险管理制度，提升本质安全水平；推动绿色建造发展，促进建筑业转型升级；提升城乡建设领域抗震减灾能力，提高人民群众安全感。

国家在颁布《工程质量安全手册（试行）》后不久即通过《住房和城乡建设部工程质量安全监管司 2020 年工作要点》，由此可见，最新颁布的《工程质量安全手册（试行）》具有非常重要的地位。为此，我们组织行业内有实力的专家和学者、经验丰富的一线高级工程师，对新颁布的《工程质量安全手册（试行）》进行理论与实践相结合的深入解读，让大家能深入浅出地理解这本最新手册的相关规定。

本书对《工程质量安全手册（试行）》逐条进行解读，第 1 章和第 2 章为总则和行为准则，通过结合最新理论规范标准，对编制依据和质量安全要求进行总体解读；第 3 章和第 4 章为工程实体质量控制和安全生产现场控制，这两章是本书的重点，对实体质量和现场安全控制等方面进行了面面俱到的分析和做法指导，并附上相关实例；第 5 章和第 6 章为质量管理资料和安全管理资料，作为工程质量安全过程的痕迹管理的重要内容，作者在充分解读的同时，遴选出大量优质模板资料，以供读者在实际操作中参考使用。第 7 章为附则，为《工程质量安全手册（试行）》提供相关解释说明。

《工程质量安全手册（试行）》是新时期工程质量安全工作的新要求，下一步也将掀起使用宣贯的热潮，手册是在数量众多、种类繁杂的法律法规、规范规程文件中提炼出的要求明确的重要条文，提前掌握《工程质量安全手册（试行）》的核心要点、出台背景和依据，将有利于读者更好地学习和开展工作。

本书由谭艳平、计富元、王春红任主编，王东贺任副主编，史永明、白晓楠参与编写。本书在编写的过程中得到许多专家学者的鼓励和支持，在此一并表示感谢。

由于编者水平有限，书中难免存在疏漏和不妥之处，恳请读者批评指正。

编　者
2022 年 10 月

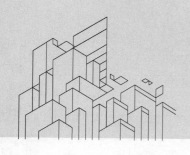

>>> 目 录

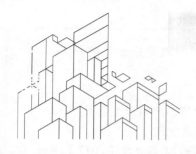

1 总　则

1.1　目　的

完善企业质量安全管理体系，规范企业质量安全行为，落实企业主体责任，提高质量安全管理水平，保证工程质量安全，提高人民群众满意度，推动建筑业高质量发展。

【解读】

工程质量、安全本身就是不可分割的整体，相互关联，本次质量安全管控整合将进一步提升政府监管能力，完善企业质量安全管理体系，未来相关性强的联合管理越来越趋向 QSHE 式（Q—质量、S—安全、H—健康、E—环境）控制管理体系方向发展。

1.2　编制依据

1.2.1　法律法规。

（1）《中华人民共和国建筑法》。
（2）《中华人民共和国安全生产法》。
（3）《中华人民共和国特种设备安全法》。
（4）《建设工程质量管理条例》。
（5）《建设工程勘察设计管理条例》。
（6）《建设工程安全生产管理条例》。

（7）《特种设备安全监察条例》。

（8）《安全生产许可证条例》。

（9）《生产安全事故报告和调查处理条例》等。

【解读】

除上述国家法律、条例外，还有如下法律、条例和意见对质量安全有指导性：

（1）《中华人民共和国劳动法》。

（2）《中华人民共和国工会法》。

（3）《中共中央国务院关于进一步加强城市规划建设管理工作的若干意见》。

（4）《中共中央国务院关于开展质量提升行动的指导意见》。

（5）《国务院办公厅关于促进建筑业持续健康发展的意见》（国办发〔2017〕19号）。

此外，一些地方省市颁布的条例、办法、规定和意见等也将对各自地方的质量安全管理提供依据，如某省：

（1）《某省人民政府办公厅关于促进建筑业改革发展的若干意见》（省政办发〔2018〕12号）。

（2）《某省建筑市场管理条例》。

（3）《某省勘察设计管理条例》。

（4）《某省建设工程质量管理办法》。

（5）《某省专业技术人员继续教育规定》。

1.2.2 部门规章

（1）《房屋建筑和市政基础设施工程施工图设计文件审查管理办法》（住房和城乡建设部令第13号）。

（2）《建筑工程施工许可管理办法》（住房和城乡建设部令第18号）。

（3）《建设工程质量检测管理办法》（建设部令第141号）。

（4）《房屋建筑和市政基础设施工程质量监督管理规定》（住房和城乡建设部令第5号）。

（5）《房屋建筑和市政基础设施工程竣工验收备案管理办法》（住房和城乡建设部令第2号）。

（6）《房屋建筑工程质量保修办法》（建设部令第80号）。

（7）《建筑施工企业安全生产许可证管理规定》（建设部令第128号）。

（8）《建筑起重机械安全监督管理规定》（建设部令第166号）。

（9）《建筑施工企业主要负责人、项目负责人和专职安全生产管理人员安全生产管理规定》（住房和城乡建设部令第17号）。

（10）《危险性较大的分部分项工程安全管理规定》（住房和城乡建设部令第37号）等。

1.2.3 有关规范性文件，有关工程建设标准、规范。

⑤ 【解读】

　　除上述文件外，类似发文还有：

　　（1）《住房城乡建设部关于印发工程质量安全提升行动方案的通知》（建质〔2017〕57号）。

　　（2）《住房城乡建设部关于开展工程质量管理标准化工作的通知》（建质〔2017〕242号）。

　　（3）《住房城乡建设部关于印发〈建筑施工安全生产标准化考评暂行办法〉的通知》（建质〔2014〕111号）。

1.3　适用范围

　　房屋建筑和市政基础设施工程。

⑤ 【解读】

　　本手册以住房和城乡建设部为主发布，同样质量安全管理责任重大的公路桥梁、水利电力建设系统项目可以参考使用，不久之后，相应交通、水利电力部委也会发布类似手册。

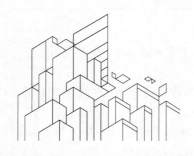

2 行为准则

2.1 基本要求

2.1.1 建设、勘察、设计、施工、监理、检测等单位依法对工程质量安全负责。

【依据】

《中华人民共和国建筑法》《中华人民共和国安全生产法》《建设工程质量管理条例》《建设工程勘察设计管理条例》。

【解读】

建设、勘察、设计、施工、监理、检测等单位为工程项目质量安全责任主体。全面落实参建各方工程质量安全主体责任，特别是强化建设单位的首要责任。落实项目负责人质量终身责任承诺制度、永久性标牌制度和信息档案制度。对六方项目负责人履职情况实施动态监管。强化工程质量安全投入保障，通过信息管理服务系统等信息化手段规范执业人员、安全管理人员和特种作业人员等关键岗位人员从业行为，依法查处违法违规从业人员，建立健全从业人员培训制度，加大执业责任追究力度。

【如何做】

建设单位对工程项目质量安全承担首要责任，必须严格依法依规履行基本建设程序，按合同约定及时拨付工程项目建设资金，为工程建设安全提供有力保障；勘察、设计单位要仔细勘察，精心设计，确保施工图设计文件符合有关标准规范；施工单位要严把材料进场关，严格按图施工，加强施工过程质量管控；监理单位要切实履行监理职责，对关键工序、关键节点和重要部位特别是隐蔽工程要严格实行旁站监理，并做好相关记录；检测单位应加强建筑材料、实体结构等检测，对检测不合格的产品应及时报告。

2.1.2 勘察、设计、施工、监理、检测等单位应当依法取得资质证书，并在其资质等级许可的范围内从事建设工程活动。施工单位应当取得安全生产许可证。

【依据】

《工程勘察资质标准》《全国建筑业企业工程设计资质标准》《建筑业企业资质管理规定》《工程监理企业资质标准》《建设工程质量检测管理办法》。

【解读】

> 勘察、设计、施工、监理、检测等单位必须在相应资质证书范围从事业务，否则必然会受到处罚，重则吊销证照。安全生产许可证是建筑施工企业必备的一个证件，与企业资质联系在一块，取得建筑施工资质证书的企业，必须申请安全生产许可证，方可进行招投工作来承揽相应工程，二者构成有机整体。

【如何做】

勘察、设计、施工、监理、检测等单位应当依法取得资质证书，并在其资质等级许可的范围内从事建设工程活动。

施工单位申请取得安全生产许可证需提供的资料：

（1）建筑施工企业安全生产许可证申请表（一式三份）。

（2）企业法人营业执照（复印件）。

（3）各级安全生产责任制和安全生产规章制度目录及文件，操作规程目录。

（4）保证安全生产投入的证明文件（包括企业保证金安全生产投入的管理办法或规章制度，年度安全资金投入计划及实施情况）。

（5）设置安全生产管理机构和配备专职安全生产管理人员的文件（包括设置安全管理机构的文件、安全管理机构的工作职责，安全机构负责人的任命文件，安全管理机构组成人员明细表）。

（6）主要负责人、项目负责人、专职安全管理人员安全生产考核合格名单及证书（复印件）。

（7）本企业特种作业人员名单及操作资格证书（复印件）。

（8）本企业管理人员的作业人员年度安全培训教育材料（包括企业培训计划、培训考核记录）。

（9）从业人员参加工伤保险以及施工现场从事管理作业人员参加意外伤害保险有关证明（明细表和复印件）。

（10）施工起重机械设备检测合格证明（包括塔机、龙门架、人货电梯所提供最近一次安拆、装检测报告的明细表和复印件）。

（11）职业危害防治措施（要针对企业业务特点可能会导致的职业病种类制定相应的预防措施）。

（12）危险性较大（简称危大）分部分项工程及施工现场易发生重大事故的部位、环节的预防监控措施和应急预案（根据本企业业务特点，详细列出危险性较大分部分项工程和事故易发部位，环节没有针对性和可操作性的控制措施和应急预案）。

（13）生产安全事故应急救援预案（应本着事故发生向有效救援原则，列出救援组织人员详细名单、救援器材、设备清单和救援演练记录）。

其中，第（2）至（13）项统一装订成册。企业在申请安全生产许可证时，需要交验所有证件、凭证原件。

2.1.3 建设、勘察、设计、施工、监理等单位的法定代表人应当签署授权委托书，明确各自工程项目负责人。

工程质量终身
责任承诺书（样本）

扫码观看相关资料

项目负责人应当签署工程质量终身责任承诺书。

法定代表人和项目负责人在工程设计使用年限内对工程质量承担相应责任。

【依据】

《住房城乡建设部关于印发〈建筑工程五方责任主体项目负责人质量终身责任追究暂行办法〉的通知》（建质〔2014〕124号）、《住房城乡建设部办公厅关于严格落实建筑工程质量终身责任承诺制的通知》（建办质〔2014〕44号）。

【解读】

《住房城乡建设部关于印发〈建筑工程五方责任主体项目负责人质量终身责任追究暂行办法〉的通知》（建质〔2014〕124号）第八条：项目负责人应当在办理工程质量监督手续前签署工程质量终身责任承诺书，连同法定代表人授权书，报工程质量监督机构备案。项目负责人如有更换的，应当按规定办理变更程序，重新签署工程质量终身责任承诺书，连同法定代表人授权书，报工程质量监督机构备案。

【如何做】

（1）对该暂行办法施行后新开工建设的工程项目，建设、勘察、设计、施工、监理单位的法定代表人应当及时签署授权书，明确本单位在该工程的项目负责人。经授权的建设单位项目负责人、勘察单位项目负责人、设计单位项目负责人、施工单位项目经理和监理单位总监理工程师应当在办理工程质量监督手续前签署工程质量终身责任承诺书，连同法定代表人授权书，报工程质量监督机构备案。对未办理授权书、承诺书备案的，住房和城乡建设主管部门不予办理工程质量监督手续、不予颁发施工许可证、不予办理工程竣工验收备案。

（2）对已经开工正在建设的工程项目，建设、勘察、设计、施工、监理单位的法定代表人应当补签授权书，明确本单位在该工程的项目负责人。经授权的建设单位项目负责人、勘察单位项目负责人、设计单位项目负责人、施工单位项目经理和监理单位总监理工程师应当补签工程质量终身责任承诺书，连同法定代表人授权书，报工程质量监督机构备案。对未办理授权书、承诺书备案的，住房城乡建设主管部门不予办理工程竣工验收备案。

2.1.4 从事工程建设活动的专业技术人员应当在注册许可范围和聘用单位业务范围内从业，对签署技术文件的真实性和准确性负责，依法承担质量安全责任。

【依据】

仅举例《注册建造师管理规定》（住房和城乡建设部令〔2006〕153号）。

【解读】

不仅仅注册建造师有此规定，监理工程师、造价工程师等也有类似规定，如《注册建造师管理规定》中：

本规定所称注册建造师，是指通过考核认定或考试合格取得中华人民共和国建造师资格证书（以下简称资格证书），并按照本规定注册，取得中华人民共和国建造师注册证书（以下简称注册证书）和执业印章，担任施工单位项目负责人及从事相关活动的专业技术人员。未取得注册证书和执业印章的，不得担任大中型建设工程项目的施工单位项目负责人，不得以注册建造师的名义从事相关活动。

取得资格证书的人员应当受聘于一个具有建设工程勘察、设计、施工、监理、招标代理、造价咨询等一项或者多项资质的单位，经注册后方可从事相应的执业活动。担任施工单位项目负责人的，应当受聘并注册于一个具有施工资质的企业。

注册建造师的具体执业范围按照《注册建造师执业工程规模标准》执行。注册建造师不得同时在两个及两个以上的建设工程项目上担任施工单位项目负责人。

【如何做】

注册建造师可以从事建设工程项目总承包管理或施工管理，建设工程项目管理服务，建设工程技术经济咨询，以及法律、行政法规和国务院建设主管部门规定的其他业务。

建设工程施工活动中形成的有关工程施工管理文件，应当由注册建造师签字并加盖执业印章。施工单位签署质量合格的文件上，必须有注册建造师的签字盖章。

2.1.5 施工企业主要负责人、项目负责人及专职安全生产管理人员（以下简称："安管人员"）应当取得安全生产考核合格证书。

【依据】

《建筑施工企业主要负责人、项目负责人和专职安全生产管理人员安全生产管理规定》（住房和城乡建设部令第17号）。

【解读】

安全生产考核合格证书：根据中华人民共和国住房和城乡建设部令第17号，《建筑施工企业主要负责人、项目负责人和专职安全生产管理人员安全生产管理规定》的有关规定，建筑施工企业主要负责人、项目负责人和专职安全生产管理人员安全生产管理规定，必须持证上岗。

相关人员在经过当地建筑安全部门培训、并经考核合格，由当地建设厅统一发证（安全三类人员是指企业负责人A证，企业项目负责人B证，专职安全生产管理人员C证）。

【如何做】

施工企业主要负责人、项目负责人及专职安全生产管理人员（以下简称"安管人员"）应当取得安全生产考核合格证书，"安管人员"应当通过其受聘企业，向企业工商注册地的省、自治区、直辖市人民政府住房和城乡建设主管部门（以下简称考核机关）申请安全生产考核，并取得安全生产考核合格证书。安全生产考核不得收费。

2.1.6 工程一线作业人员应当按照相关行业职业标准和规定经培训考核合格，特种作业人员应当取得特种作业操作资格证书。工程建设有关单位应当建立健全一线作业人员的职业教育、培训制度，定期开展职业技能培训。

【依据】

《建设工程安全生产管理条例》。

【解读】

垂直运输机械作业人员、安装拆卸工、爆破作业人员、起重信号工、登高架设作业人员等特种作业人员，必须按照国家有关规定经过专门的安全作业培训，并取得特种作业操作资格证书后，方可上岗作业。

【如何做】

施工单位的主要负责人、项目负责人、专职安全生产管理人员应当经建设行政主管部门或者其他有关部门考核合格后方可任职。施工单位应当对管理人员和作业人员每年至少进行一次安全生产教育培训，其教育培训情况记入个人工作档案。安全生产教育培训考核不合格的人员，不得上岗。工程一线建筑工人的管理应该按照建筑工人实名制管理办法执行。

2.1.7 建设、勘察、设计、施工、监理、监测等单位应当建立完善危险性较大的分部分项工程管理责任制，落实安全管理责任，严格按照相关规定实施危险性较大的分部分项工程清单管理、专项施工方案编制及论证、现场安全管理等制度。

【依据】

《危险性较大的分部分项工程安全管理规定》（住房和城乡建设部令第 37 号）。

【解读】

本规定对参建各方提出了要求，建设、勘察、设计、施工、监理、监测等单位应当建立完善危险性较大的分部分项工程管理责任制，落实安全管理责任，严格按照相关规定实施危险性较大的分部分项工程清单管理、专项施工方案编制及论证、现场安全管理等制度。

危险性较大的分部分项工程清单：

（1）基坑支护、降水工程。开挖深度超过 3m（含 3m）或虽未超过 3m 但地质条件和周边环境复杂的基坑（槽）支护、降水工程。

（2）土方开挖工程。开挖深度超过 3m（含 3m）的基坑（槽）的土方开挖工程。

（3）模板工程及支撑体系。

① 各类工具式模板工程：包括大模板、滑模、爬模、飞模等工程。

② 混凝土模板支撑工程：搭设高度 5m 及以上；搭设跨度 10m 及以上；施工总荷载 $10kN/m^2$ 及以上；集中线荷载 15kN/m 及以上；高度大于支撑水平投影宽度且相对独立无联系构件的混凝土模板支撑工程。

③ 承重支撑体系：用于钢结构安装等满堂支撑体系。

（4）起重吊装及安装拆卸工程。

① 采用非常规起重设备、方法，且单件起吊质量在 100kN 及以上的起重吊装工程。

② 采用起重机械进行安装的工程。

③ 起重机械设备自身的安装、拆卸。

（5）脚手架工程。

① 搭设高度 24m 及以上的落地式钢管脚手架工程。

② 附着式整体和分片提升脚手架工程。

③ 悬挑式脚手架工程。

④ 吊篮脚手架工程。

⑤ 自制卸料平台、移动操作平台工程。

⑥ 新型及异型脚手架工程。

（6）拆除、爆破工程。

① 建筑物、构筑物拆除工程。

② 采用爆破拆除的工程。

（7）其他。

① 建筑幕墙安装工程。

② 钢结构、网架和索膜结构安装工程。

③ 人工挖、扩孔桩工程。

④ 地下暗挖、顶管及水下作业工程。

⑤ 预应力工程。

⑥ 采用新技术、新工艺、新材料、新设备及尚无相关技术标准的危险性较大的分部分项工程。

【如何做】

建设单位应当组织勘察、设计等单位在施工招标文件中列出危大工程清单，要求施工单位在投标时补充完善危大工程清单并明确相应的安全管理措施。施工单位应当指定专人对专项方案实施情况进行现场监督和按规定进行监测。发现不按照专项方案施工的，应当要求其立即整改；发现有危及人身安全紧急情况的，应当立即组织作业人员撤离危险区域。施工单位技术负责人应当定期巡查专项方案实施情况。

对于按规定需要验收的危险性较大的分部分项工程，施工单位、监理单位应当组织有关人员进行验收。验收合格的，经施工单位项目技术负责人及项目总监理工程师签字后，方可进入下一道工序。

2.1.8 建设、勘察、设计、施工、监理等单位法定代表人和项目负责人应当加强工程项目安全生产管理，依法对安全生产事故和隐患承担相应责任。

【依据】

《建设工程安全生产管理条例》。

【解读】

强调了参建各方负责人安全管理责任的要求。

【如何做】

建设、勘察、设计、施工、监理等单位法定代表人和项目负责人应当加强工程项目安全生产管理，依法对安全生产事故和隐患承担相应责任。

2.1.9 工程完工后，建设单位应当组织勘察、设计、施工、监理等有关单位进行竣工验收。工程竣工验收合格，方可交付使用。

【依据】

《建设工程质量管理条例》。

【解读】

建设单位收到建设工程竣工报告后，应当组织设计、施工、工程监理等有关单位进行竣工验收。

【如何做】

由建设单位负责组织竣工验收小组。验收组组长由建设单位法人代表或其委托的负责人担任。验收组副组长应至少有一名工程技术人员担任。验收组成员由建设单位上级主管部门、建设单位项目负责人、建设单位项目现场管理人员及勘察、设计、施工、监理单位与项目无直接关系的技术负责人或质量负责人组成，建设单位也可邀请有关专家参加验收小组。

验收程序：

（1）申请报告。当工程具备验收条件时，承包人即可向监理人报送竣工申请报告。

（2）验收。监理人收到承包人按要求提交的竣工验收申请报告后，应审查申请报告的各项内容，并按不同情况进行处理。

（3）单位工程验收。发包人根据合同进度计划安排，在全部工程竣工前需要使用已经竣工的单位工程时，或承包人提出经发包人同意时，可进行单位工程验收。验收合格后，由监理人向承包人出具经发包人签认的单位工程验收证书。

（4）施工期运行。合同工程尚未全部竣工，其中某项或某几项单位工程或工程设备安装已竣工，根据专用合同条款约定，需要投入施工期运行的，经发包人约定验收合格，证明能确保安全后，才能在施工期投入运行。

（5）试运行。

（6）竣工清场。除合同另有约定外，工程接收证书颁发后，承包人应按要求对施工现场进行整理，直至监理人检验合格为止。竣工清场费用由承包人承担。

2.2 质量行为要求

2.2.1 建设单位

（1）按规定办理工程质量监督手续。

【依据】

《建设工程质量管理条例》。

【解读】

建设单位在领取施工许可证或者开工报告前，应当按照国家有关规定办理工程质量监督手续。

办理工程质量监督手续是法定程序，不办理质量监督手续的，不发施工许可证，工程不得开工。因此，建设单位在领取施工许可证或者开工报告之前，应当依法到建设行政主管部门或铁路、交通、水利等有关管理部门，或其委托的工程质量监督机构办理工程质量监督手续，接受政府主管部门的工程质量监督。

【如何做】

施工前由建设单位到工程质量监督手续部门（当地质量监督站）办理质量监督手续，先办理建设工程质量监督登记书，包括：建设工程质量监督登记表（建设单位填写，建设、监理、施工、质监站各一份）、建设工程质量监督书（质监站填写，建设、监理、施工、质监站各一份）、建设工程质量监督计划（质监站填写，建设、监理、施工、质监站各一份）、必监工程项目表（质监站填写，建设、监理、施工、质监站各一份）等相关材料。办理完成后直接列入监督范围。

（2）不得肢解发包工程。

【依据】

《建设工程质量管理条例》。

【解读】

（1）加强事前预防，在招标文件中列明违法发包、肢解发包等行为的认定标准。

① 建设单位不得将工程发包给个人及不具有相应资质的单位。

② 建设单位应当依法进行招标并按照法定招标程序发包。

③ 建设单位不得设置不合理的招标投标条件，限制、排斥潜在投标人或者投标人。

④ 建设单位不得将一个单位工程的施工分解成若干部分发包给不同的施工总承包或专业承包单位。

（2）加强事后检查，对于相关责任单位或责任人出现上述违法行为的，应依法从严从重进行处罚。

【如何做】

不肢解发包工程。

（3）不得任意压缩合理工期。

【依据】

《建设工程质量管理条例》。

【解读】

依据工期规范规定，坚持问题导向，正确处理工期与质量的矛盾，建设单位在招标前明确总工期，合理确定涉及结构安全的地基与基础工程、主体结构工程的节点工期，不得降低工程质量。

【如何做】

不任意压缩合理工期。

（4）按规定委托具有相应资质的检测单位进行检测工作。

【依据】

《建设工程质量检测管理办法》（住房和城乡建设部令第 141 号）。

【解读】

在建筑工程施工过程中，需要用到各种建筑材料，建筑材料自身的质量是建筑工程施工开展的重要前提条件，因此建筑材料的质量好坏会对建筑工程施工质量带来直接的影响。通过施工前对建筑工程材料进行检测，可以有效确保建筑材料的质量，这对于提高建筑物质量及延长建筑物使用寿命具有极其重要的作用，而且能够有效避免施工过程中安全事故的发生，保证施工人员的生命安全。因此需要强化建筑工程材料检测工作，这样建筑工程采购和使用的建筑材料质量和性能才能符合国家相关的规范要求，有效确保整体工程的施工质量。

【如何做】

（1）质量检测业务，应由工程项目建设单位委托，且检测机构应具有相应资质，委托方与被委托方应当签订书面合同。

（2）非建设单位委托检测的，只作为企业内部质量保证措施，其检测报告一律不得作为工程质量验收、评价和鉴定的依据。

（5）对施工图设计文件报审图机构审查，审查合格方可使用。

【依据】

《建设工程质量管理条例》。

【如何做】

本条按目前的文件是还要进行图纸审查，但依据现在"放、管、服"趋势，未来可能会逐步取消图纸强审。目前的做法是：

（1）建设单位自主选择与建设规模相符合的审查机构，签订委托审查合同，委托开展审查业务。但审查机构不得与所审查项目的建设单位、勘察设计企业有隶属关系或者其他利害关系。

（2）施工图审查原则上不得选择省外的审查机构。超出本省审查机构审查业务范围，确需选择省外审查机构审查的，应报请省住建厅批准同意。

（3）审查不合格的，审查机构应当将施工图退建设单位，并出具审查意见告知书，说明不合格原因，并留存相关材料备查。

（6）对有重大修改、变动的施工图设计文件应当重新进行报审，审查合格方可使用。

📑【依据】

《建设工程质量管理条例》。

📖【解读】

任何单位或者个人不得擅自修改审查合格的施工图，确需修改的，建设单位应当将修改后的施工图送原审查机构审查。

（7）提供给监理单位、施工单位经审查合格的施工图纸。

📑【依据】

《建设工程质量管理条例》《房屋建筑和市政基础设施工程施工图设计文件审查管理办法》。

📖【解读】

（1）《建设工程质量管理条例》：

施工图设计文件审查的具体办法，由国务院建设行政主管部门、国务院其他有关部门制定。

（2）《房屋建筑和市政基础设施工程施工图设计文件审查管理办法》：

施工图未经审查合格的，不得使用。从事房屋建筑工程、市政基础设施工程施工、监理等活动，以及实施对房屋建筑和市政基础设施工程质量安全监督管理，应当以审查合格的施工图为依据。

（8）组织图纸会审、设计交底工作。

📑【依据】

《建筑工程资料管理规程》（JGJ/T 185—2009）。

📖【解读】

设计交底与图纸会审是保证工程质量的重要环节和前提，也是保证工程顺利施工的主要步骤。

✏️【如何做】

（1）建设单位组织监理单位、施工单位等相关人员进行图纸会审，在会审前整理成会审问题清单，由建设单位在设计交底前约定的时间提交设计单位，图纸会审记录由施工单位整理，与会各方会签。

（2）在建设单位主持下，由设计单位向各施工单位（土建施工单位与各设备专业施工单位）、监理单位以及建设单位进行设计交底，主要交代工程的功能与特点、设计意图与施工过程控制要求等。

（9）按合同约定由建设单位采购的建筑材料、建筑构配件和设备的质量应符合要求。

【依据】

《建设工程质量管理条例》。

【解读】

（1）没有国家技术标准的新材料，可能降低建设工程质量的，应当经省住房和城乡建设行政主管部门组织建设工程技术专家委员会进行可行性论证，经论证认为对建设工程质量确无不良影响的，方可使用。

（2）所使用的建筑材料、建筑构配件、设备、预拌混凝土、预拌砂浆和预拌沥青混凝土应当符合国家和省有关标准，有产品出厂质量证明文件和产品使用说明书。

（3）对建筑材料、建筑构配件、预拌混凝土、预拌砂浆和预拌沥青混凝土进行现场取样，并送建设单位委托的检测机构进行检测。未经检测或者经检测不合格的，不得使用。

【如何做】

接受建设工程质量监督管理机构依法抽查建筑材料、建筑构配件和设备的质量。

（10）不得指定应由承包单位采购的建筑材料、建筑构配件和设备，或者指定生产厂、供应商。

【依据】

《建设工程质量管理条例》。

【解读】

除建设工程需要特殊要求的建筑材料、专用设备、工艺生产线等外，建设单位不得要求设计单位在设计文件中指定生产厂或者供应商。

【如何做】

不得指定应由承包单位采购的建筑材料、建筑构配件和设备，或者指定生产厂、供应商。

（11）按合同约定及时支付工程款。

【依据】

《中华人民共和国民法典》。

【解读】

建设单位应当按照合同约定及时支付工程款项。

工程完工后，施工单位在申请验收时提报竣工结算文件，建设单位应及时接收并按照合同及有关规定及时进行审查。建设单位可以自行审查，也可委托有资质的造价咨询单位进行核对。

【如何做】

推行施工过程结算，建设单位应按合同约定的计量周期或工程进度进行结算并支付工程款。对未完成竣工结算的项目，有关部门不予办理竣工验收备案和产权登记；对长期拖欠工程款的单位，有关部门不得批准其新项目开工。

2.2.2　勘察、设计单位。

（1）在工程施工前，就审查合格的施工图设计文件向施工单位和监理单位作出详细说明。

【依据】

《建设工程质量管理条例》。

【解读】

依据现行规定，勘察、设计单位在开工前，应该参加建设单位组织的施工图纸交底，对地质、环境和设计要点做出详细说明。

【如何做】

（1）勘察单位提供的地质、测量、水文等勘察成果，以及说明地质条件可能造成的工程风险。

（2）设计图纸与说明书是否齐全、明确；坐标、标高、尺寸、管线、道路等交叉连接是否相符；图纸内容、表达深度是否满足施工需要；施工中所列各种标准图册是否已经具备。

（3）施工图与设备、特殊材料的技术要求是否一致；主要材料来源有无保证，能否代换；新技术、新材料的应用是否落实。

（4）设备说明书是否详细，与规范、规程是否一致。

（5）土建结构布置与设计是否合理，是否与工程地质条件紧密结合，是否符合抗震设计要求。

（6）几家设计单位设计的图纸之间有无相互矛盾。

（7）设计是否满足生产要求和检修需要。

（8）施工安全、环境卫生有无保证。

（9）建筑与结构是否存在不能施工或不便施工的技术问题，或导致质量、安全及工程费用增加等问题。

（10）防火、消防设计是否满足有关规程要求。

（2）及时解决施工中发现的勘察、设计问题，参与工程质量事故调查分析，并对因勘察、设计原因造成的质量事故提出相应的技术处理方案。

【依据】

《建设工程质量管理条例》。

【解读】

依据现行规定，勘察、设计单位在施工中发现的勘察、设计问题，应该及时解决，参与工程质量事故调查分析，并对因勘察、设计原因造成的质量事故提出相应的技术处理方案。

【如何做】

施工质量事故的处理程序：

（1）事故报告。事故现场有关人员应当立即向工程建设单位负责人报告。

工程建设单位负责人接到报告后，应于1h内向事故发生地县级以上人民政府住房和城乡建设主管部门及有关部门报告；同时应按照应急预案采取相应措施。

（2）事故调查。事故调查要按规定区分事故的大小分别由相应级别的人民政府直接或授权委托有关部门组织事故调查组进行调查。未造成人员伤亡的一般事故，县级人民政府也可以委托事故发生单位组织事故调查组进行调查。

（3）事故的原因分析。分析事故的直接原因和间接原因，必要时组织对事故项目进行检测鉴定和专家技术论证。

（4）制定事故处理的技术方案。安全可靠、技术可行、不留隐患、经济合理、具有可操作性、满足项目的安全和使用功能要求。

（5）事故处理。事故的技术处理；事故的责任处罚。

（6）事故处理的鉴定验收。是否达到预期的目的，是否依然存在隐患，应当通过检查鉴定和验收作出确认。

（7）提交事故处理报告。

注意：事故报告、事故调查报告、事故处理报告内容的区别。

（3）按规定参与施工验槽。

【依据】

《建设工程质量管理条例》。

【解读】

依据现行规定，在基坑开挖完毕，勘察、设计单位参加基槽验收，对基槽合格与否提出明确意见后，方可进行下一步作业。

【如何做】

验槽时必须具备的资料和条件：

（1）勘察、设计、质监、监理、施工及建设方有关负责人员及技术人员到场。

（2）附有基础平面和结构总说明的施工图阶段的结构图。

（3）详勘阶段的岩土工程勘察报告。

（4）开挖完毕、槽底无浮土、松土（若分段开挖，则每段条件相同），条件良好的基槽。

2.2.3 施工单位

（1）不得违法分包、转包工程。

【依据】

《建设工程质量管理条例》。

【解读】

（1）施工单位不得将其承包的工程分包给个人或不具备相应资质的单位。

（2）施工总承包单位不得将钢结构工程除外的合同范围内工程主体结构的施工分包给其他单位。

（3）专业分包单位不得将其承包的专业工程中非劳务作业部分再分包。

（4）专业作业承包人不得将其承包的劳务再分包。

（5）施工单位不得将其承包的全部工程转给其他单位（包括母公司承接建筑工程后将所承接工程交由具有独立法人资格的子公司施工的情形）或个人施工。

（6）施工单位不得将其承包的全部工程肢解以后，以分包的名义分别转给其他单位或个人施工。

（7）应由施工单位负责采购的主要建筑材料、构配件及工程设备或租赁的施工机械设备，不得由其他单位或个人采购、租赁，施工单位应提供有关采购、租赁合同及发票等证明。

（8）施工单位不得通过采取合作、联营、个人承包等形式或名义，直接或变相将其承包的全部工程转给其他单位或个人施工。

（9）除建设单位依约作为发包单位外，专业工程或专业作业的发包单位应是该工程的施工总承包或专业承包单位。

【如何做】

不得违法分包、转包工程。

（2）项目经理资格符合要求，并到岗履职。

【依据】

《建筑施工企业负责人及项目负责人施工现场带班暂行办法》（建质〔2011〕111号）、《建筑施工项目经理质量安全责任十项规定（试行）》。

【解读】

建筑施工项目经理（以下简称项目经理）必须按规定取得相应执业资格和安全生产考核合格证书；合同约定的项目经理必须在岗履职，不得违反规定同时在两个及两个以上的工程项目担任项目经理。

【如何做】

项目负责人每月带班生产时间不得少于本月施工时间的80%。因其他事务需离开施工现场时，应向工程项目的建设单位请假，经批准后方可离开。离开期间应委托项目相关负责人负责其外出时的日常工作。

（3）设置项目质量管理机构，配备质量管理人员。

【依据】

《工程建设施工企业质量管理规范》（GB/T 50430—2017）。

【解读】

施工单位应建立健全项目质量管理体系，根据工程的实际情况按照规定配备具有相应岗位资格的质量管理人员。

【如何做】

（1）专职质量管理人员配置数量规定：建筑工程合同造价5000万元以下或建筑面积5万平方米以下的工程，专职质量管理人员不得少于1人；每增加5000万（含）～1亿元或1万（含）～5万平方米的工程，专职质量管理人员增加1人。

（2）项目质量管理人员的变更手续合规、齐全。

（4）编制并实施施工组织设计。

建筑工程施工组织
设计（模板）

扫码观看相关资料

【依据】

《建筑施工组织设计规范》（GB/T 50502—2009）。

【解读】

施工组织设计是对拟建工程施工的全过程实行科学管理的重要手段。通过施工组织设计的编制，可以全面考虑拟建工程的各种具体施工条件，扬长避短地拟定合理的施工方案，确定施工顺序、施工方法、劳动组织和技术经济的组织措施。

【如何做】

（1）施工单位应在施工前按照有关规定编制施工组织设计。施工组织设计应由项目负责人主持编制。

（2）施工组织总设计应由总承包单位技术负责人审批；单位工程施工组织设计应由施工单位技术负责人或技术负责人授权的技术人员审批。

（3）施工组织设计经过监理单位、建设单位审批后，由施工技术管理人员向施工作业人员进行交底，并组织实施。

（5）编制并实施施工方案。

【依据】

《建筑施工组织设计规范》（GB/T 50502—2009）。

施工方案

扫码观看相关资料

【解读】

施工方案是根据一个施工项目指定的实施方案。施工方案不仅在工程作业全过程中起指导施工的作用，而且是工程竣工后重要的技术经济性文件材料。为建设单位及监理单位检查、指导工程施工提供理论依据。

【如何做】

（1）施工单位应在施工前组织工程技术人员按照有关规定编制施工方案。实行施工总承包的，施工方案应当由施工总承包单位组织编制。专项工程实行分包的，施工方案可以由相关专业分包单位组织编制。

（2）施工方案应由项目技术负责人审批。

（3）重点、难点分部（分项）工程和专项工程施工方案应由施工单位技术部门组织相关专家评审，施工单位技术负责人批准。

（4）施工方案经过监理单位、建设单位审批后，由施工技术管理人员向施工作业人员进行交底，并组织实施。

（6）按规定进行技术交底。

【依据】

《建筑施工组织设计规范》（GB/T 50502—2009）。

施工技术交底大全

扫码观看相关资料

【解读】

技术交底是施工企业极为重要的一项技术管理工作，是施工方案的延续和完善，也是工程质量预控的最后一道关口。其目的是使参与建筑工程施工的技术人员与工人熟悉和了解所承担的工程项目的特点、设计意图、技术要求、施工工艺及应注意的问题。

【如何做】

（1）应按分项工程实施三级技术交底。企业技术负责人对项目技术负责人技术交底，项目技术负责人对项目部管理人员技术交底，施工员对班组技术交底。

（2）技术交底的内容应包括：适用范围、施工准备、施工工艺、质量标准、质量保证措施、安全保证措施等内容。

（7）配备齐全该项目涉及的设计图集、施工规范及相关标准。

【依据】

各地建筑工程施工现场管理规定。

【解读】

本条规定更多指向施工现场应该配备完善的资料，因为各公司都比较齐全，但实际恰恰各施工现场很少配备。

【如何做】

将该项目涉及的设计图集、施工规范及相关标准配备齐全。

（8）由建设单位委托见证取样检测的建筑材料、建筑构配件和设备等，未经监理单位见证取样并经检验合格的，不得擅自使用。

【依据】

《建设工程质量管理条例》。

【如何做】

施工单位必须按照工程设计要求、施工技术标准和合同约定，对建筑材料、建筑构配件、设备和商品混凝土进行检验，检验应当有书面记录和专人签字；未经检验或者检验不合格的，不得使用。

推行监理单位和检测机构执行见证取样制度。

（9）按规定由施工单位负责进行进场检验的建筑材料、建筑构配件和设备，应报监理单位审查，未经监理单位审查合格的不得擅自使用。

【依据】

《建设工程质量管理条例》。

【解读】

施工单位必须按照工程设计要求、施工技术标准和合同约定，对建筑材料、建筑构配件、设备和商品混凝土进行检验，检验应当有书面记录和专人签字；未经检验或者检验不合格的，不得使用。

【如何做】

不合格材料、设备、构配件等清退出场时，应经监理见证，退场记录应由施工、监理见证人签字，并留存影像资料。

（10）严格按审查合格的施工图设计文件进行施工，不得擅自修改设计文件。

【依据】

《建设工程质量管理条例》《房屋建筑和市政基础设施工程施工图设计文件审查管理办法》。

【解读】

（1）《建设工程质量管理条例》：

施工图设计文件审查的具体办法，由国务院建设行政主管部门、国务院其他有关部门制定。

（2）《房屋建筑和市政基础设施工程施工图设计文件审查管理办法》：

施工图未经审查合格的，不得使用。

【如何做】

从事房屋建筑工程、市政基础设施工程施工、监理等活动，以及实施对房屋建筑和市政基础设施工程质量安全监督管理，应当以审查合格的施工图为依据。严格按审查合格的施工图设计文件编制方案，并组织实施，若在施工过程中出现应修改的内容，需按审查程序报送建设单位进行变更。

（11）严格按施工技术标准进行施工。

【依据】

《中华人民共和国建筑法》。

【解读】

建筑施工企业必须按照工程设计图纸和施工技术标准进行施工，不得偷工减料。

【如何做】

严格按施工技术标准进行施工。

（12）做好各类施工记录，实时记录施工过程质量管理的内容。

【依据】

《住房城乡建设部关于开展工程质量管理标准化工作的通知》《建设工程质量管理条例》《建设工程项目管理规范》（GB 50326—2017）。

【解读】

严格施工过程质量控制，加强施工记录和验收资料管理，建立检验批、隐蔽工程等过程质量验收和实体质量检测的质量责任标识制度，保证工程质量的可追溯性。

【如何做】

各类质量管理施工记录应由施工技术管理人员进行编写，并与工程建设同步，并对记录的真实性负责。

（13）按规定做好隐蔽工程质量检查和记录。

【依据】

《建筑工程质量管理条例》。

【解读】

施工单位必须建立、健全施工质量的检验制度，严格工序管理，做好隐蔽工程的质量检查和记录。隐蔽工程在隐蔽前，施工单位应当通知建设单位和建设工程质量监督机构。

（14）按规定做好检验批、分项工程、分部工程的质量报验工作。

【依据】

《建设工程项目管理规范》（GB 50326—2017）。

【如何做】

（1）施工单位应对施工完成的检验批质量进行自检，对存在问题的自行整改处理，合格后填写检验报审、报验表及检验批质量验收记录，并将相关资料报送项目监理机构验收。

（2）检验批质量验收记录填写应具有现场验收检查原始记录，该原始记录应由专业监理工程师和施工单位专业质量检查员、专业工长在检验批质量验收记录上签字，完成检验批的验收。

（3）分项工程的验收是以检验批为基础进行的。一般情况下，检验批和分项工程两者具有相同或相近的性质，只是批量的大小不同而已。分项工程质量合格的条件是构成分项工程的各检验批验收资料齐全完整，且各检验批均已验收合格。

（4）分部工程的验收是以所含各分项工程验收为基础进行的。首先，组成分部工程的各分项工程已验收合格且相应的质量控制资料齐全、完整。此外，由于各分项工程的性质不尽相同，作为分部工程不能通过简单的组合而加以验收，尚须进行以下两类检查项目：

① 涉及安全、节能、环境保护和主要使用功能的地基与基础、主体结构和设备安装等分部工程应进行有关的见证检验或抽样检验。

② 以观察、触摸或简单量测的方式进行观感质量验收，并结合验收人的主观判断，检查结果并不给出"合格"或"不合格"的结论，而是综合给出"好""一般""差"的质量评价结果。对于"差"的检查点应进行返修处理。

（15）按规定及时处理质量问题和质量事故，做好记录。

【依据】

《建筑工程质量管理条例》《建筑工程监理规范》（GB/T 50319—2013）。

【解读】

施工单位对施工中出现质量问题的建设工程或者竣工验收不合格的建设工程，应当负责返修。

施工单位对需要返工处理或加固补强的质量缺陷，需报送经设计等相关认可的处理方案；对需要返工处理或加固补强的质量事故，需报送质量事故调查报告和经设计相关单位认可的处理方案。

【如何做】

（1）对于发生的质量问题应制定有效的整改措施，组织施工人员及时处理，并形成质量问题处理方案。

（2）发生工程质量事故后，法定代表人或其委托人（持法人委托书）和相关责任人应当立即到现场组织抢险救援并保护现场，按照有关法律法规规定接受调查、询问，并形成质量事故调查报告。

（16）实施样板引路制度，设置实体样板和工序样板。

样板引路制度

扫码观看相关资料

【依据】

《住房和城乡建设部关于印发〈工程质量安全提升行动方案〉的通知》（建质〔2017〕57号）。

【解读】

根据依据中的通知三（二）开展工程质量管理标准化示范活动，实施样板引路制度。

✏️ 【如何做】

（1）现场应设置样板集中展示区或样板间，包括材料样板、加工样板、工序样板。

（2）可根据工程施工中的重点和难点，确定实物样板内容。

（3）受条件限制无法制作实物样板的，应有图片样板并配以文字介绍。

（4）样板施工前由项目技术负责人对样板制作进行详细的技术交底。

（5）样板完成后，由建设、监理、设计和施工单位进行共同验收，并留存样板验收资料。

（17）按规定处置不合格试验报告。

📑 【依据】

《建筑工程检测试验技术管理规范》（JGJ 190—2010）。

📖 【解读】

对检测试验不合格的材料、设备和工程实体等质量问题，施工单位应依据相关标准的规定进行处理，监理单位应对应质量问题的处理情况进行监督。

✏️ 【如何做】

当收到不合格的试验报告信息时，应立即停止所涉及的不合格报告对应材料部位的施工，向项目技术负责人汇报，由项目技术负责人组织各方分析原因并提出整改方案，并依据整改方案进行落实。建设单位或监理单位应及时督促施工单位依照法律法规、规范标准对不合格情况涉及事项进行处理，并要求施工单位上报不合格情况的处理报告，并做好记录工作。工程质量监督机构应跟踪出现的不合格检测结果的工程，必要时对工程实体进行监督抽检。

2.2.4 监理单位

（1）总监理工程师资格应符合要求，并到岗履职。

📑 【依据】

《建设工程监理规范》（GB/T 50319—2013）、《建设工程质量管理条例》。

📖 【解读】

工程监理单位应当选派具备相应资格的总监理工程师和监理工程师进驻施工现场。未经监理工程师签字，建筑材料、建筑构配件和设备不得在工程上使用或者安装，施工单位不得进行下一道工序的施工。未经总监理工程师签字，建设单位不拨付工程款，不进行竣工验收。

✏️ 【如何做】

总监理工程师资格应符合要求，并到岗履职。总监理工程师不得在异地两个及以上项目担任总监，不得在同一地三个及以上项目担任总监；总监理工程师在岗履职时间不得少于本月施工时间的40%。监理企业不得随意更换总监理工程师。确因需要更换总监理工程师的，应当办理书面变更手续。变更后的总监理工程师执业资格专业须与原执业资格专业相同，执业资格不得低于原执业资格。

（2）配备足够的具备资格的监理人员，并到岗履职。

【依据】

《建设工程监理规范》（GB/T 50319—2013）。

【解读】

项目监理机构的监理人员宜由一名总监理工程师、若干名专业监理工程师和监理员组成，且专业配套、数量应满足监理工作和建设工程监理合同对监理工作深度及建设工程监理目标控制的要求。

项目监理机构应根据建设工程不同阶段的需要配备数量和专业满足要求的监理人员，有序安排相关监理人员进退场。

【如何做】

总监理工程师确定项目监理机构人员及其岗位职责，根据工程进展情况安排监理人员进场，检查监理人员工作，调换不称职监理人员，确因需要更换监理工程师的，变更后的监理工程师执业资格专业须与原执业资格专业相同，执业资格不得低于原执业资格。

（3）编制并实施监理规划。

【依据】

《建设工程监理规范》（GB/T 50319—2013）。

监理规划实例

扫码观看相关资料

【解读】

监理规划是指导监理开展具体监理工作的纲领性文件。是在签订监理委托合同后在总监的主持下编制，是针对具体的工程指导监理工作的纲领性文件。目的在于指导监理部开展日常工作。

【如何做】

监理规划应由总监理工程师组织专业监理工程师编制，经工程监理单位技术负责人审批后实施。

监理规划应针对建设工程实际情况进行编制，应在签订建设工程监理合同及收到工程设计文件后开始编制。此外，还应结合施工组织设计、施工图审查意见等文件资料进行编制。一个监理项目应编制一个监理规划。

监理规划应在第一次工地会议召开之前完成工程监理单位内部审核后报送建设单位。

监理规划内容：

（1）工程概况。

（2）监理工作的范围、内容、目标。

（3）监理工作依据。

（4）监理组织形式、人员配备及进退场计划、监理人员岗位职责。

（5）监理工作制度。

（6）工程质量控制。

（7）工程造价控制。

（8）工程进度控制。

（9）安全生产管理的监理工作。

（10）合同与信息管理。

（11）组织协调。

（12）监理工作设施。

（4）编制并实施监理实施细则。

最新某工程监理实施细则

扫码观看相关资料

【依据】

《建设工程监理规范》（GB/T 50319—2013）。

【解读】

监理实施细则是操作性文件，要依据监理规划来编制，是在监理规划编制完成后，依据监理规划由专业监理工程师针对具体专业编制的操作性业务文件。目的在于指导具体的监理业务。

【如何做】

针对专业性较强、危险性较大的分部分项工程，项目监理机构应在相应工程开始前由专业监理工程师编制监理实施细则，并应报总监理工程师审批后实施。

监理实施细则一般分通用类、结构类、建筑类、安装类、节能类五类细则，包括以下内容：

（1）专业工程的特点。

（2）监理工作的流程。

（3）监理工作要点。

（4）监理工作方法及措施。

在实施建筑工程监理工作过程中，监理实施细则应根据实际情况进行补充、修改，并经总监理工程师批准后实施。

（5）对施工组织设计、施工方案进行审查。

【依据】

《建设工程监理规范》（GB/T 50319—2013）。

⊜【解读】

在总监理工程师主持下对施工组织设计中的安全技术措施或专项方案进行程序性、符合性、针对性审查。

✎【如何做】

（1）总监理工程师组织专业监理工程师审查施工单位报审的施工组织设计、施工方案。

（2）施工组织设计审查应包括以下基本内容。编审程序应符合相关规定；施工进度、施工方案及工程质量保证措施应符合施工合同要求；资金、劳动力、材料、设备等资源供应计划应满足工程施工需要；安全技术措施应符合工程建设强制性标准；施工总平面布置应科学合理。

（3）施工方案审查应包括以下基本内容：编审程序应符合相关规定；工程质量保证措施应符合有关标准。

（6）对建筑材料、建筑构配件和设备投入使用或安装前进行审查。

📑【依据】

《建设工程质量管理条例》。

⊜【解读】

未经监理工程师签字，建筑材料、建筑构配件和设备不得在工程上使用或者安装，施工单位不得进行下一道工序的施工。未经总监理工程师签字，建设单位不拨付工程款，不进行竣工验收。

✎【如何做】

项目监理机构应审查施工单位报送的用于工程的材料、构配件、设备的出厂合格证、质量检验报告、性能检测报告等质量证明文件，并应按有关规定、建设工程监理合同约定，对用于工程的材料进行见证取样、平行检验。

项目监理机构对已进场经检验不合格的工程材料、构配件、设备，应要求施工单位限期将其撤出施工现场。

（7）对分包单位的资质进行审核。

📑【依据】

《建设工程监理规范》（GB/T 50319—2013）。

⊜【解读】

专业监理工程师对分包单位资质进行审查，提出审查意见后由总监理工程师审核签认。

分包工程开工前施工单位报送分包单位资格报审表［分包工程名称（部位）、分包工程量、分包工程合同额］。

审核的基本内容：营业执照、企业资质等级证书，安全生产许可文件，类似工程业绩，专职管理人员和特种作业人员的资格。

专业监理工程师审查：分包内容与资质是否相符，业绩、工程名称、质量验收证明文件、施工单位的分包性质，禁止转包、肢解，与建设单位有效沟通，必要时会同建设单位对分包单位实地考察和调查，核实申报材料与实际情况是否相符。

专业监理工程师审查资料的完整性、真实性、有效性，总监理工程师审核报审资料，签署书面意见前需征求建设单位意见，如不符合要求，施工单位应根据总监审核意见，重新报审或另选分包单位再报审。

（8）对重点部位、关键工序实施旁站监理，做好旁站记录。

旁站记录填写要求

扫码观看相关资料

📄 【依据】

《房屋建筑工程施工旁站监理管理办法（试行）》《建设工程监理规范》（GB/T 50319—2013）、《房屋建筑工程监理工作标准（试行）》《建设工程质量管理条例》。

🔘 【解读】

项目监理机构应当对重点部位、关键工序制定旁站监理方案，明确旁站监理的范围、内容、程序和旁站监理人员职责等。

施工企业应当于24h前将需要实施旁站监理的关键部位、关键工序书面通知项目监理机构，项目监理机构安排旁站监理人员按照旁站监理方案实施旁站监理并做好记录。

项目监理机构应根据工程特点和施工单位报送的施工组织设计，确定旁站的关键部位、关键工序，安排监理人员进行旁站，并应及时记录旁站情况。

监理工程师应当按照工程监理规范的要求，采取旁站、巡视和平行检验等形式，对建设工程实施监理。

✏️ 【如何做】

（1）做好如下旁站监理内容的记录：

《房屋建筑工程施工旁站监理管理办法（试行）》中的房屋建筑工程关键部位、关键工序如下。

① 基础工程。土方回填；混凝土灌注桩浇筑；地下连续墙、土钉墙、后浇带及其他结构混凝土、防水混凝土浇筑，卷材防水层细部构造处理；钢结构安装。

② 主体结构。梁柱节点钢筋绑扎和隐蔽过程；混凝土浇筑；预应力张拉；装配式结构安装；钢结构安装；网架结构安装；索膜安装。

（2）项目监理机构应将影响工程主体结构安全的、完成后无法检测其质量的或返工会造成较大损失的部位及其施工过程作为旁观的关键部位、关键工序。

（3）建筑节能工程。对易产生热桥和热工缺陷部位的施工以及墙体、屋面等保温工程隐蔽前的施工。

（9）对施工质量进行巡查，做好巡查记录。

监理巡查记录
主要内容

扫码观看相关资料

【依据】

《建设工程监理规范》（GB/T 50319—2013）、《建设工程质量管理条例》。

【解读】

项目监理机构应安排监理人员对施工质量进行巡视。

监理工程师应当按照工程监理规范的要求，采取旁站、巡视和平行检验等形式，对建设工程实施监理。

【如何做】

做好旁站监理内容中施工质量的巡查记录。巡视应包括的主要内容如下。

（1）施工单位是否按工程设计文件、工程建设标准和批准的施工组织设计、（专项）施工方案施工。

（2）使用的工程材料、构配件和设备是否合格。

（3）施工现场管理人员，特别是施工质量管理人员是否到位。

（4）特种作业人员是否持证上岗。

（10）对施工质量进行平行检验，做好平行检验记录。

监理平行检验
记录表怎么填写

扫码观看相关资料

【依据】

《建设工程监理规范》（GB/T 50319—2013）、《建设工程质量管理条例》。

【解读】

项目监理机构应在施工单位自检的同时，根据工程特点、专业要求和建设工程监理合同约定对施工质量进行平行检验。

监理工程师应当按照工程监理规范的要求，采取旁站、巡视和平行检验等形式，对建设工程实施监理。

【如何做】

监理工程师平时进行平行检验以记录为主，在进行实地测量以后，按要求去填写平行检查记录表，并将检测与检验项目规定的标准值相比较，给出决定性意见，监理工程师检查合格后予以签字验收，不合格时，根据不符合的严重程度下达《不符合项通知单》或《监理工程师通知单》，经过施工单位整改，并再次经监理人员确认，合格后，方能签字验收。

（11）对隐蔽工程进行验收。

【依据】

《建设工程监理规范》（GB/T 50319—2013）。

【解读】

项目监理机构应对施工单位检验的隐蔽工程进行验收。

【如何做】

项目监理机构应对施工单位报验的隐蔽工程、检验批、分项工程和分部工程进行验收，对验收合格的应给予签认；对验收不合格的应拒绝签认，同时应要求施工单位在指定的时间内整改并重新报验。

对已同意覆盖的工程隐蔽部位质量有疑问的，或发现施工单位私自覆盖工程隐蔽部位的，项目监理机构应要求施工单位对该隐蔽部位进行钻孔探测、剥离或其他方法进行重新检验。

隐蔽工程在下一道工序开工前必须进行验收，按照《隐蔽工程验收控制程序》办理，具体内容如下。

（1）基坑、基槽。结构物基础按设计标高开挖后，项目经理要求监理单位组织验槽工作，项目工程部、质检部、监理工程师要求尽快现场确认土质是否满足承载力的要求，如需加深处理则可通过工程联系单方式经设计方签字确认进行处理。基坑或基槽验收记录要经监理验收确认，验收后应尽快隐蔽，避免被雨水浸泡。

（2）基础回填。基础回填工作要按设计图要求的土质或材料分层夯填，而且按施工规范的要求，以确保回填土不产生较大沉降。

（3）钢筋工程。

① 对钢筋原材料进场前要进行检查是否有合格证，即合格证要注明钢材规格、型号、炉号、批号、数量及出厂日期、生产厂家。同时要取样进行物理性能和化学成分检验，合格方可批量进场。

② 检查验收钢筋绑扎规格、数量、间距是否符合设计图纸要求，同一截面钢筋接头数量及搭接长度须符合现行规范要求。对焊接头的钢筋，先试验焊工焊接质量，然后按现行规范要求抽取样品进行焊接试件检验，对不合格焊接试件要按要求加倍取样检验，确保焊接接头质量达标。

③ 对钢筋保护层按设计要求验收。

④ 对验收中存在不合要求的要发送监理整改通知单，至完全合格后方可在《隐蔽验收记录表》上签字同意进行混凝土浇筑。

（4）混凝土结构上的预埋件在混凝土浇筑封模板前要对其进行隐蔽验收，首先验收其原材料是否有合格证，是否有见证送检，只有合格材料才允许使用；其次要核对其放置的标高、轴线等具体位置是否准确无误；并检查其固定方法是否可靠，能否确保混凝土浇筑过程中不变形、不移位。验收合格后方可在《隐蔽验收记录表》上签字同意隐蔽。

隐蔽工程施工完，隐蔽前由施工单位自检合格，如实填写验收记录，报项目监理机构，由专业监理工程师组织施工单位项目质量员等进行验收。

（12）对检验批工程进行验收。

【依据】

《建设工程监理规范》（GB/T 50319—2013）。

【解读】

项目监理机构应对施工单位报验的检验分批进行验收。

检验批验收是建筑工程施工质量验收的最基本层次，是单位工程质量验收的基础，所有检验批均应由专业监理工程师组织验收。

【如何做】

检验批施工完，施工单位自检合格，如实填写验收记录，报项目监理机构，由专业监理工程师组织施工单位项目质量员进行验收。

项目监理机构应对施工单位报验的隐蔽工程、检验批、分项工程和分部工程进行验收，对验收合格的应给予签认；对验收不合格的应拒绝签认，同时应要求施工单位在指定的时间内整改并重新报验。

在专业监理工程师组织下，可由施工单位项目技术负责人对所有检验批验收记录进行汇总，核查无误后报专业监理工程师审查，确认符合要求后，由项目专业技术负责人在分项工程质量验收记录中签字，然后由专业监理工程师签字通过验收。

（13）对分项、分部（子分部）工程按规定进行质量验收。

【依据】

《建设工程监理规范》（GB/T 50319—2013）、《建筑工程施工质量验收统一标准》（GB 50300—2013）。

【解读】

项目监理机构对施工单位报验的分项工程和分部工程进行验收。

【如何做】

项目监理机构应对施工单位报验的隐蔽工程、检验批、分项工程和分部工程进行验收，对验收合格的应给予签认；对验收不合格的应拒绝签认，同时应要求施工单位在指定的时间内整改并重新报验。

验收时在专业监理工程师组织下，可由施工单位项目技术负责人对所有检验批验收记录进行汇总，核查无误后报专业监理工程师审查，确认符合要求后，由项目专业技术负责人在分项工程质量验收记录中签字，然后由专业监理工程师签字通过验收。

在分项工程验收中，如果对检验批验收结论有怀疑或异议，应进行相应的现场检查核实。

（1）分项工程。

① 分项工程质量应由监理工程师（建设单位项目专业技术负责人）组织施工单位项目专业质量（技术）负责人等进行验收，并按分项工程质量验收记录填写。

② 分项工程验收记录的表头及检验批部位、区段、施工单位检查评定结果，由项目专业质量检查员填写，由项目专业技术负责人检查后给出评价并签字，交监理单位或建设单位验收。

③ 分项工程质量验收的内容：所含的检验批质量均应合格；质量验收记录应完整。

（2）分部工程。

① 分部工程应由总监理工程师（建设单位项目负责人）组织施工单位负责人和技术、质量负责人，勘察、设计单位工程项目负责人和施工单位技术、质量部门负责人进行工程验收。

② 分部工程质量验收内容有：所含分项工程质量均应合格；质量控制资料应完整；有关的检验和抽样检测结果应符合有关规定；观感质量应符合要求。

（14）签发质量问题通知单，复查质量问题整改结果。

质量问题通知单

扫码观看相关资料

【依据】

《建设工程监理规范》（GB/T 50319—2013）。

【解读】

《监理工程师通知单》是监控现场的重要资料，各专业监理工程师都可以编发，编发量较大，施工方还必须及时整改落实后按时回复闭合。工程结束时，这上百份《通知单》及回复单将按单位工程分类编目装订成册列入竣工资料。

【如何做】

项目监理机构应针对现场质量问题签发质量问题通知单，督促施工单位进行整改回复，针对较为严重的质量问题要求制定专项整改方案，并附具影像资料进行回复。质量问题通知单签发手续应齐全，质量问题整改结果的复查应及时、资料齐全。

2.2.5 检测单位。

（1）不得转包检测业务。

【依据】

《建设工程质量检测管理办法》。

【解读】

检测机构应在技术能力和资质规定范围内开展检测业务。

✎ **【如何做】**

不得转包检测业务，检测机构跨省、自治区、直辖市承担检测业务的，应当向工程所在地的省、自治区、直辖市人民政府建设主管部门备案。

（2）不得涂改、倒卖、出租、出借或者以其他形式非法转让资质证书。

📑 **【依据】**

《建设工程质量检测管理办法》。

🔖 **【解读】**

涂改、倒卖、出租、出借或者以其他形式非法转让资质证书轻者警告罚款，重者吊销营业执照。

✎ **【如何做】**

不得涂改、倒卖、出租、出借或者以其他形式非法转让资质证书。

（3）不得推荐或者监制建筑材料、构配件和设备。

📑 **【依据】**

《建设工程质量检测管理办法》。

🔖 **【解读】**

检测机构和检测人员不得从事建筑材料、构配件和设备的生产、销售、开发和咨询工作；不得以其名义推荐或者监制、监销建筑材料、构配件和设备。

（4）不得与行政机关，法律、法规授权的具有管理公共事务职能的组织以及所检测工程项目相关的设计单位、施工单位、监理单位有隶属关系或者其他利害关系。

📑 **【依据】**

《建设工程质量检测管理办法》。

🔖 **【解读】**

检测机构作为第三方机构，应独立开展工作，对自身出具的结果真实性负责。

（5）应当按照国家有关工程建设强制性标准进行检测。

📑 **【依据】**

《建设工程质量检测管理办法》。

【解读】

建设工程质量检测应执行国家现行有关技术标准。

（6）应当对检测数据和检测报告的真实性和准确性负责。

【依据】

《建设工程质量检测管理办法》。

【解读】

（1）按规定的检测程序及方法进行检测，并出具检测报告。

（2）保证检测数据的真实性、检测报告的完整性和准确性，不得篡改数据。

（3）不得超出技术能力和资质规定范围出具检测报告。

【如何做】

应当对检测数据和检测报告的真实性和准确性负责。检测报告经检测人员签字、检测机构法定代表人或者其授权的签字人签署，并加盖检测机构公章或者检测专用章后方可生效。检测报告经建设单位或者工程监理单位确认后，由施工单位归档。

见证取样检测的检测报告中应当注明见证人单位及姓名。

（7）应当将检测过程中发现的建设单位、监理单位、施工单位违反有关法律、法规和工程建设强制性标准的情况，以及涉及结构安全检测结果的不合格情况，及时报告工程所在地住房城乡建设主管部门。

【依据】

《建设工程质量检测管理办法》。

【解读】

在检测中发现未执行强制性标准和违反法律法规的情况，以及涉及结构安全的检测结果不合格时及时报告建管部门，这正是第三方检测的重要性所在，也是意义所在。

（8）应当单独建立检测结果不合格项目台账。

【依据】

《建设工程质量检测管理办法》。

检测结果不合格
项目台账

扫码观看相关资料

【解读】

对检测不合格的检测项目建立台账，应及时将不合格报告通知监理及委托单位，并将不合格报告即时通过网络上传至工程所在地工程质量监督管理机构备案。

【如何做】

单独建立检测结果不合格项目台账。

（9）应当建立档案管理制度。检测合同、委托单、原始记录、检测报告应当按年度统一编号，编号应当连续，不得随意抽撤、涂改。

 【依据】

《建设工程质量检测管理办法》。

 【如何做】

建立档案管理制度。检测合同、委托单、原始记录、检测报告应当按年度统一编号，编号应当连续，不得随意抽撤、涂改。

检测机构应设置档案管理员，负责档案资料收集、整理、立卷、编目、归档、借阅等工作；维护档案的完整与安全；确保电子文件档案内容与纸质文件一致。

2.3 安全行为要求

2.3.1 建设单位。

（1）按规定办理施工安全监督手续。

【依据】

《房屋建筑和市政基础设施工程施工安全监督工作规程》。

【解读】

工程项目施工前，建设单位应当申请办理施工安全监督手续，并提交以下资料：

（1）工程概况。

（2）建设、勘察、设计、施工、监理等单位及项目负责人等主要管理人员一览表。

（3）危险性较大分部分项工程清单。

（4）施工合同中约定的安全防护、文明施工措施费用支付计划。

（5）建设、施工、监理单位法定代表人及项目负责人安全生产承诺书。

（6）省级住房和城乡建设主管部门规定的其他保障安全施工具体措施的资料。

 【如何做】

建设单位在开工前，应当按照国家有关规定办理工程质量监督手续，工程质量监督手续可以与施工许可证或者开工报告合并办理。

（2）与参建各方签订的合同中应当明确安全责任，并加强履约管理。

【依据】

《建设工程安全生产管理条例》。

【解读】

建设单位、勘察单位、设计单位、施工单位、工程监理单位及其他与建设工程安全生产有关的单位，必须遵守安全生产法律、法规的规定，保证建设工程安全生产，依法承担建设工程安全生产责任。

（3）按规定将委托的监理单位、监理的内容及监理权限书面通知被监理的建筑施工企业。

【依据】

《中华人民共和国建筑法》。

【解读】

实施建设工程监理前，建设单位应当将委托的工程监理单位、监理的内容及监理权限，书面通知被监理的建筑施工企业。

（4）在组织编制工程概算时，按规定单独列支安全生产措施费用，并按规定及时向施工单位支付。

【依据】

《建设工程安全生产管理条例》。

【解读】

建设单位在编制工程概算时，应当确定建设工程安全作业环境及安全施工措施所需费用。

（5）在开工前按规定向施工单位提供施工现场及毗邻区域内相关资料，并保证资料的真实、准确、完整。

【依据】

《建设工程安全生产管理条例》。

【解读】

建设单位应当向施工单位提供施工现场及毗邻区域内供水、排水、供电、供气、供热、通信、广播电视等地下管线资料，气象和水文观测资料，相邻建筑物和构筑物、地下工程的有关资料，并保证资料的真实、准确、完整。

建设单位因建设工程需要，向有关部门或者单位查询上述规定的资料时，有关部门或者单位应当及时提供。

2.3.2 勘察、设计单位。

（1）勘察单位按规定进行勘察，提供的勘察文件应当真实、准确。

【依据】

《建设工程安全生产管理条例》。

【解读】

　　勘察单位按法律、法规和工程建设强制性标准进行勘察，提供的勘察文件应当真实、准确。

　　勘察单位按照工程建设强制性标准提供真实的勘察文件，制定保证各类管线、设施和周边建筑物、构筑物安全措施。

（2）勘察单位按规定在勘察文件中说明地质条件可能造成的工程风险。

【依据】

《危险性较大的分部分项工程安全管理规定》。

【解读】

　　说明地质条件可能造成的工程风险时，要根据工程实际情况及工程周边环境资料进行。

（3）设计单位应当按照法律法规和工程建设强制性标准进行设计，防止因设计不合理导致生产安全事故的发生。

安全生产教育
培训教育

扫码观看相关资料

【依据】

《建设工程安全生产管理条例》。

【如何做】

　　设计单位应当考虑施工安全操作和防护的需要，对涉及施工安全的重点部位和环节在设计文件中注明，并对防范生产安全事故提出指导意见。

　　采用新结构、新材料、新工艺的建设工程和特殊结构的建设工程，设计单位应当在设计中提出保障施工作业人员安全和预防生产安全事故的措施建议。

　　设计单位和注册建筑师等注册执业人员应当对其设计负责。

（4）设计单位应当按规定在设计文件中注明施工安全的重点部位和环节，并对防范生产安全事故提出指导意见。

【依据】

《建设工程安全生产管理条例》。

【解读】

　　设计单位应当考虑施工安全操作和防护的需要，对涉及施工安全的重点部位和环节在设计文件中注明，并对防范生产安全事故提出指导意见。

　　（5）设计单位应当按规定在设计文件中提出特殊情况下保障施工作业人员安全和预防生产安全事故的措施建议。

【依据】

　　《建设工程安全生产管理条例》。

【解读】

　　设计单位应当按规定在设计文件中提出特殊情况下保障施工作业人员安全和预防生产安全事故的措施建议。

　　对采用新结构、新材料、新工艺的建设工程和特殊结构的工程，设计单位应当在设计中提出保障施工作业人员安全和预防生产安全事故措施建议。

2.3.3　施工单位

　　（1）设立安全生产管理机构，按规定配备专职安全生产管理人员。

【依据】

　　《建设工程安全生产管理条例》《建筑施工企业安全生产管理机构设置及专职安全生产管理人员配备办法》（建质〔2018〕91号）。

【如何做】

　　（1）《建设工程安全生产管理条例》：

　　施工单位应当设立安全生产管理机构，配备专职安全生产管理人员。

　　专职安全生产管理人员负责对安全生产进行现场监督检查。发现安全事故隐患，应当及时向项目负责人和安全生产管理机构报告；对违章指挥、违章操作的，应当立即制止。

　　专职安全生产管理人员的配备办法由国务院建设行政主管部门会同国务院其他有关部门制定。

　　（2）《建筑施工企业安全生产管理机构设置及专职安全生产管理人员配备办法》。

　　① 建筑施工企业安全生产管理机构专职安全生产管理人员的配备应满足下列要求，并应根据企业经营规模、设备管理和生产需要予以增加。

　　a. 建筑施工总承包资质序列企业：特级资质不少于6人；一级资质不少于4人；二级和二级以下资质企业不少于3人。

　　b. 建筑施工专业承包资质序列企业：一级资质不少于3人；二级和二级以下资质企业不少于2人。

　　c. 建筑施工劳务分包资质序列企业：不少于2人。

d. 建筑施工企业的分公司、区域公司等较大的分支机构（以下简称分支机构）应依据实际生产情况配备不少于 2 人的专职安全生产管理人员。

建筑施工企业应当实行建设工程项目专职安全生产管理人员委派制度。建设工程项目的专职安全生产管理人员应当定期将项目安全生产管理情况报告企业安全生产管理机构。

② 总承包单位配备项目专职安全生产管理人员应当满足下列要求：

a. 建筑工程、装修工程按照建筑面积配备：1 万平方米以下的工程不少于 1 人；1 万～5 万平方米的工程不少于 2 人；5 万平方米及以上的工程不少于 3 人，且按专业配备专职安全生产管理人员。

b. 土木工程、线路管道、设备安装工程按照工程合同价配备：5000 万元以下的工程不少于 1 人；5000 万～1 亿元的工程不少于 2 人；1 亿元及以上的工程不少于 3 人，且按专业配备专职安全生产管理人员。

c. 分包单位配备项目专职安全生产管理人员应当满足下列要求：专业承包单位应当配置至少 1 人，并根据所承担的分部分项工程的工程量和施工危险程度增加。

（2）项目负责人、专职安全生产管理人员与办理施工安全监督手续资料一致。

【依据】

《建筑施工企业安全生产管理机构设置及专职安全生产管理人员配备办法》（建质〔2008〕91 号）、《建设工程安全生产管理条例》。

【解读】

（1）安全生产许可证颁发管理机关颁发安全生产许可证时，应当审查建筑施工企业安全生产管理机构设置及其专职安全生产管理人员的配备情况。

（2）建设主管部门核发施工许可证或者核准开工报告时，应当审查该工程项目专职安全生产管理人员的配备情况。

（3）建设主管部门应当监督检查建筑施工企业安全生产管理机构及其专职安全生产管理人员履责情况。

（3）建立健全安全生产责任制度，并按要求进行考核。

【依据】

《建设工程安全生产管理条例》。

安全生产责任制全套考核细则

扫码观看相关资料

【解读】

施工单位主要负责人依法对本单位的安全生产工作全面负责。施工单位应当建立健全安全生产责任制度和安全生产教育培训制度，制定安全生产规章制度和操作规程，保证本单位安全生产条件所需资金的投入，对所承担的建设工程进行定期和专项安全检查，并做好安全检查记录。

【如何做】

依据各省（自治区、直辖市）的安全生产目标责任考核细则执行。

（4）按规定对从业人员进行安全生产教育和培训。

【依据】

《中华人民共和国安全生产法》《建设工程安全生产管理条例》。

【解读】

（1）《中华人民共和国安全生产法》：

① 生产经营单位应当对从业人员进行安全生产教育和培训，保证从业人员具备必要的安全生产知识，熟悉有关的安全生产规章制度和安全操作规程，掌握本岗位的安全操作技能。未经安全生产教育和培训合格的从业人员，不得上岗作业。

② 生产经营单位的特种作业人员必须按照国家有关规定经专门的安全作业培训，取得相应资格，方可上岗作业。

（2）《建设工程安全生产管理条例》：

① 垂直运输机械作业人员、安装拆卸工、爆破作业人员、起重信号工、登高架设作业人员等特种作业人员，必须按照国家有关规定经过专门的安全作业培训，并取得特种作业操作资格证书后，方可上岗作业。

② 作业人员进入新的岗位或者新的施工现场前，应当接受安全生产教育培训。未经教育培训或者教育培训考核不合格的人员，不得上岗作业。施工单位在采用新技术、新工艺、新设备、新材料时，应当对作业人员进行相应的安全生产教育培训。

（5）实施施工总承包的，总承包单位应当与分包单位签订安全生产协议书，明确各自的安全生产职责并加强履约管理。

【依据】

《房屋建筑和市政基础设施工程施工分包管理办法》《建设工程安全生产管理条例》《建筑施工企业安全生产管理机构设置及专职安全生产管理人员配备办法》（建质〔2008〕91号）。

【解读】

（1）《房屋建筑和市政基础设施工程施工分包管理办法》（住房和城乡建设部令〔2004〕第124号）：

① 房屋建筑和市政基础设施工程施工分包分为专业工程分包和劳务作业分包。

本办法所称专业工程分包，是指施工总承包企业（以下简称专业分包工程发包人）将其所承包工程中的专业工程发包给具有相应资质的其他建筑业企业（以下简称专业分包工程承包人）完成的活动。

本办法所称劳务作业分包，是指施工总承包企业或者专业承包企业（以下简称劳务作业发包人）将其承包工程中的劳务作业发包给劳务分包企业（以下简称劳务作业承包人）完成的活动。

本办法所称分包工程发包人包括本条第二款、第三款中的专业分包工程发包人和劳务作业发包人；分包工程承包人包括本条第二款、第三款中的专业分包工程承包人和劳务作业承包人。

② 房屋建筑和市政基础设施工程施工分包活动必须依法进行。

③ 专业工程分包除在施工总承包合同中有约定外，必须经建设单位认可。专业分包工程承包人必须自行完成所承包的工程。

劳务作业分包由劳务作业发包人与劳务作业承包人通过劳务合同约定。劳务作业承包人必须自行完成所承包的任务。

④ 分包工程发包人和分包工程承包人应当依法签订分包合同，并按照合同履行约定的义务。

⑤ 安全生产领导小组的主要职责：

a. 贯彻落实国家有关安全生产法律法规和标准。

b. 组织制定项目安全生产管理制度并监督实施。

c. 编制项目生产安全事故应急救援预案并组织演练。

d. 保证项目安全生产费用的有效使用。

e. 组织编制危险性较大工程安全专项施工方案。

f. 开展项目安全教育培训。

g. 组织实施项目安全检查和隐患排查。

h. 建立项目安全生产管理档案。

i. 及时、如实报告安全生产事故。

⑥ 项目专职安全生产管理人员具有以下主要职责：

a. 负责施工现场安全生产日常检查并做好检查记录。

b. 现场监督危险性较大工程安全专项施工方案实施情况。

c. 对作业人员违规违章行为有权予以纠正或查处。

d. 对施工现场存在的安全隐患有权责令立即整改。

e. 对于发现的重大安全隐患，有权向企业安全生产管理机构报告。

f. 依法报告生产安全事故情况。

⑦ 总承包单位配备项目专职安全生产管理人员应当满足下列要求。

a. 建筑工程、装修工程按照建筑面积配备：

1 万平方米以下的工程不少于 1 人。

1 万～5 万平方米的工程不少于 2 人。

5 万平方米及以上的工程不少于 3 人，且按专业配备专职安全生产管理人员。

b. 土木工程、线路管道、设备安装工程按照工程合同价配备：

5000 万元以下的工程不少于 1 人。

5000 万～1 亿元的工程不少于 2 人。

1 亿元及以上的工程不少于 3 人，且按专业配备专职安全生产管理人员。

⑧ 分包工程发包人对施工现场安全负责，并对分包工程承包人的安全生产进行管理。专业分包工程承包人应当将其分包工程的施工组织设计和施工安全方案报分包工程发包人备案，专业分包工程发包人发现事故隐患，应当及时作出处理。

分包工程承包人就施工现场安全向分包工程发包人负责，并应当服从分包工程发包人对施工现场的安全生产管理。

（2）《建设工程安全生产管理条例》：

建设工程实行施工总承包的，由总承包单位对施工现场的安全生产负总责。

总承包单位应当自行完成建设工程主体结构的施工。

总承包单位依法将建设工程分包给其他单位的，分包合同中应当明确各自的安全生产方面的权利、义务。总承包单位和分包单位对分包工程的安全生产承担连带责任。

分包单位应当服从总承包单位的安全生产管理，分包单位不服从管理导致生产安全事故的，由分包单位承担主要责任。

（3）《建筑施工企业安全生产管理机构设置及专职安全生产管理人员配备办法》（建质〔2008〕91号）：

分包单位配备项目专职安全生产管理人员应当满足下列要求。

专业承包单位应当配置至少1人，并根据所承担的分部分项工程的工程量和施工危险程度增加。

劳务分包单位施工人员在50人以下的，应当配备1名专职安全生产管理人员；50～200人的，应当配备2名专职安全生产管理人员；200人及以上的，应当配备3名及以上专职安全生产管理人员，并根据所承担的分部分项工程施工危险实际情况增加，不得少于工程施工人员总人数的5‰。

（6）按规定为作业人员提供劳动防护用品。

【依据】

《建设工程安全生产管理条例》、《建筑施工人员个人劳动保护用品使用管理暂行规定》（建质〔2007〕255号）、《建筑施工作业劳动保护用品配备及使用标准》（JGJ 184—2009）。

【解读】

施工单位应当向作业人员提供安全防护用具和安全防护服装，并书面告知危险岗位的操作规程和违章操作的危害。

单位应为从业人员提供符合国家职业卫生标准的工作环境和条件，按照国家标准或者行业标准为从业人员无偿提供合格的劳动防护用品，并指导、监督从业人员按照使用规则正确佩戴和使用，不得以货币或者其他物品替代劳动防护用品。

（7）在有较大危险因素的场所和有关设施、设备上，设置明显的安全警示标志。

安全警示标志
管理制度

扫码观看相关资料

【依据】

《建设工程安全生产管理条例》。

【解读】

施工单位应当在施工现场入口处、施工起重机械、临时用电设施、脚手架、出入通道口、楼梯口、电梯井口、孔洞口、桥梁口、隧道口、基坑边沿、爆破物及有害危险气体和液体存放处等危险部位，设置明显的安全警示标志。安全警示标志必须符合国家标准。

施工单位应当根据不同施工阶段和周围环境及季节、气候的变化，在施工现场采取相应的安全施工措施。施工现场暂时停止施工的，施工单位应当做好现场防护，所需费用由责任方承担，或者按照合同约定执行。

《安全标志及其使用导则》（GB 2894—2008）全文。

（8）按规定提取和使用安全生产费用。

【依据】

《建设工程安全生产管理条例》。

【解读】

施工单位对列入建设工程概算的安全作业环境及安全施工措施所需费用，应当用于施工安全防护用具及设施的采购和更新、安全施工措施的落实、安全生产条件的改善，不得挪作他用。

【如何做】

（1）编制招标控制价或投标报价时，安全文明施工费按省费用定额费率表考虑；开工前编制安全措施费用使用计划，按规定提取。建立安全措施费用管理制度，按计划实施，有完整的安全措施费台账。相关支付凭证复印件（加盖公章）留存现场备查。

（2）工程结算时，评定为省级标准化管理示范工地的项目，其安全文明施工费按省费用定额费率表计取；评定为市级标准化管理示范工地的工程项目，其安全文明施工费乘以 0.89；其他工程项目的安全文明施工费乘以 0.83。

（3）专业承包工程的安全文明施工费按上述费率的 80% 计取。

（9）按规定建立健全生产安全事故隐患排查治理制度。

【依据】

《建设工程安全生产管理条例》。

建筑施工企业安全生产事故隐患排查治理制度

扫码观看相关资料

【解读】

（1）施工单位主要负责人依法对本单位的安全生产工作全面负责。施工单位应当建立健全安全生产责任制度和安全生产教育培训制度，制定安全生产规章制度和操作规程，保证本单位安全生产条件所需资金的投入，对所承担的建设工程进行定期和专项安全检查，并做好安全检查记录。

（2）施工单位的项目负责人应当由取得相应执业资格的人员担任，对建设工程项目的安全施工负责，落实安全生产责任制度、安全生产规章制度和操作规程，确保安全生产费用的有效使用，并根据工程的特点组织制定安全施工措施，消除安全事故隐患，及时、如实报告生产安全事故。

（10）按规定执行建筑施工企业负责人及项目负责人施工现场带班制度。

项目负责人施工现场带班制度

扫码观看相关资料

【依据】

《建筑施工企业负责人及项目负责人施工现场带班暂行办法》（建质〔2011〕111号）。

【解读】

（1）本办法所称的建筑施工企业负责人，是指企业的法定代表人、总经理、主管质量安全和生产工作的副总经理、总工程师和副总工程师。

本办法所称的项目负责人，是指工程项目的项目经理。

本办法所称的施工现场，是指进行房屋建筑和市政工程施工作业活动的场所。

（2）建筑施工企业应当建立企业负责人及项目负责人施工现场带班制度，并严格考核。

施工现场带班制度应明确其工作内容、职责权限和考核奖惩等要求。

（3）施工现场带班包括企业负责人带班检查和项目负责人带班生产。

企业负责人带班检查是指由建筑施工企业负责人带队实施对工程项目质量安全生产状况及项目负责人带班生产情况的检查。

项目负责人带班生产是指项目负责人在施工现场组织协调工程项目的质量安全生产活动。

（4）建筑施工企业法定代表人是落实企业负责人及项目负责人施工现场带班制度的第一责任人，对落实带班制度全面负责。

（5）建筑施工企业负责人要定期带班检查，每月检查时间不少于其工作日的25%。

建筑施工企业负责人带班检查时，应认真做好检查记录，并分别在企业和工程项目存档备查。

（6）工程项目进行超过一定规模的危险性较大的分部分项工程施工时，建筑施工企业负责人应到施工现场进行带班检查。对于有分公司（非独立法人）的企业集团，集团负责人因故不能到现场的，可书面委托工程所在地的分公司负责人对施工现场进行带班检查。

本条所称"超过一定规模的危险性较大的分部分项工程"详见《危险性较大的分部分项工程安全管理规定》（住房和城乡建设部令第37号）的规定。

（7）工程项目出现险情或发现重大隐患时，建筑施工企业负责人应到施工现场带班检查，督促工程项目进行整改，及时消除险情和隐患。

（8）项目负责人是工程项目质量安全管理的第一责任人，应对工程项目落实带班制度负责。

项目负责人在同一时期只能承担一个工程项目的管理工作。

（9）项目负责人带班生产时，要全面掌握工程项目质量安全生产状况，加强对重点部位、关键环节的控制，及时消除隐患。要认真做好带班生产记录并签字存档备查。

（10）项目负责人每月带班生产时间不得少于本月施工时间的80%。因其他事务需离开施工现场时，应向工程项目的建设单位请假，经批准后方可离开。离开期间应委托项目相关负责人负责其外出时的日常工作。

（11）各级住房和城乡建设主管部门应加强对建筑施工企业负责人及项目负责人施工现场带班制度的落实情况的检查。对未执行带班制度的企业和人员，按有关规定处理；发生质量安全事故的，要给予企业规定上限的经济处罚，并依法从重追究企业法定代表人及相关人员的责任。

（11）按规定制定生产安全事故应急救援预案，并定期组织演练。

按规定制定安全事故
应急救援预案

扫码观看相关资料

【依据】

《中华人民共和国安全生产法》、《生产安全事故应急预案管理办法》（中华人民共和国应急管理部令第2号）、《建设工程安全生产管理条例》。

【解读】

（1）《中华人民共和国安全生产法》：

① 生产经营单位对重大危险源应当登记建档，进行定期检测、评估、监控，并制定应急预案，告知从业人员和相关人员在紧急情况下应当采取的应急措施。

生产经营单位应当按照国家有关规定将本单位重大危险源及有关安全措施、应急措施报有关地方人民政府应急管理部门和有关部门备案，有关地方人民政府应急管理部门和相关部门应当通过相关信息系统实现信息共享。

② 危险物品的生产、经营、储存单位以及矿山、金属冶炼、城市轨道交通运营、建筑施工单位应当建立应急救援组织；生产经营规模较小，可以不建立应急救援组织，但应当指定兼职的应急救援人员。

（2）《生产安全事故应急预案管理办法》（中华人民共和国应急管理部令第2号）：

① 对于某一种或各种类型的事故风险，生产经营单位可以编制相应的专项应急预案，或将专项应急预案并入综合应急预案。

专项应急预案应当规定应急指挥机构与职责、处置程序和措施等内容。

② 生产经营单位应急预案应当包括向上级应急管理机构报告的内容、应急组织机构和人员的联系方式、应急物资储备清单等附件信息。附件信息发生变化时，应当及时更新，确保准确有效。

（3）《建设工程安全生产管理条例》：

施工单位应当制定本单位生产安全事故应急救援预案，建立应急救援组织或者配备应急救援人员，配备必要的应急救援器材、设备，并定期组织演练。

【如何做】

（1）施工单位应当根据建设工程施工的特点、范围，对施工现场易发生重大事故的部位、环节进行监控，制定施工现场生产安全事故应急救援预案。

（2）安全事故应急救援预案应包括如下内容：

① 建设工程的基本情况。含规模、结构类型、工程开工、竣工日期。

② 建筑施工项目经理部基本情况。含项目经理、安全负责人、安全员等姓名、证书号码等。

③ 施工现场安全事故救护组织。包括具体责任人的职务、联系电话等。

④ 救援器材、设备的配备。

⑤ 安全事故救护单位。包括建设工程所在市、县医疗救护中心、医院的名称、电话和行驶路线等。

（3）建筑施工安全事故应急救援预案应当作为安全报监的附件材料报工程所在地市、县（市）负责建筑施工安全生产监督的部门备案。

（4）建筑施工安全事故应急救援预案应当告知现场施工作业人员。施工期间，其内容应当在施工现场明显位置予以公示。

（12）按规定及时、如实报告生产安全事故。

生产安全事故调查报告

扫码观看相关资料

【依据】

《建设工程安全生产管理条例》《施工企业安全生产管理规范》（GB 50656—2011）。

【解读】

施工单位发生生产安全事故，应当按照国家有关伤亡事故报告和调查处理的规定，及时、如实地向负责安全生产监督管理的部门、建设行政主管部门或者其他有关部门报告；特种设备发生事故的，还应当同时向特种设备安全监督管理部门报告。接到报告的部门应当按照国家有关规定，如实上报。

（1）建筑施工企业生产安全事故管理应包括记录、统计、报告、调查、处理、分析改进等工作内容。

（2）生产安全事故发生后，施工企业应按照有关规定及时、如实上报，实行施工总承包的，应由总承包企业负责上报，情况紧急时，可越级上报。

（3）生产安全事故报告的内容应包括：事故的时间、地点和工程项目有关单位名称；事故的简要经过；事故已经造成或者可能造成的伤亡人数（包括失踪、下落不明的人数）和初步估计的直接经济损失；事故的初步原因；事故发生后采取的措施及事故控制情况；事故报告单位或报告人员。

（4）生产安全事故报告后出现新情况的，应及时补报。

（5）建筑施工企业应建立生产安全事故档案，事故档案应包括以下资料：依据生产安全事故报告要素形成的企业职工伤亡事故统计汇总表；生产安全事故报表；事故调查情况报告、对事故责任者的处理决定、伤残鉴定、政府的事故处理批复资料及相关影像资料；其他有关的资料。

（6）生产安全事故调查和处理应做到事故原因不查清楚不放过、事故责任者和从业人员未受到教育不放过、事故责任者未受到处理不放过、没有采取防范事故再发生的措施不放过。

【如何做】

（1）《建设工程安全生产管理条例》：

发生生产安全事故后，施工单位应当采取措施防止事故扩大，保护事故现场。需要移动现场物品时，应当做出标记和书面记录，妥善保管有关证物。

（2）《施工企业安全生产管理规范》（GB 50656—2011）：

① 事故发生后，事故现场有关人员应当立即向本单位负责人报告；单位负责人接到报告后，应当于1h内向事故发生地县级以上人民政府安全生产监督管理部门和负有安全生产监督管理职责的有关部门报告。

② 情况紧急时，事故现场有关人员可以直接向事故发生地县级以上人民政府安全生产监督管理部门和负有安全生产监督管理职责的有关部门报告。

③ 安全生产监督管理部门和负有安全生产监督管理职责的有关部门逐级上报事故情况，每级上报的时间不得超过2h。

2.3.4 监理单位。

（1）按规定编制监理规划和监理实施细则。

【依据】

《建设工程监理规范》（GB/T 50319—2013）。

【解读】

详见规范第四章监理规划，应在签订建设工程委托监理合同及收到工程设计文件后开始编制，完成后必须经监理单位技术负责人审核批准，并应在召开第一次工地会议前报送建设单位；监理规划应由总监理工程师主持、专业监理工程师参加编制；在监理工作实施过程中，如实际情况或条件发生重大变化而需要调整监理规划时，应由总监理工程师组织专业监理工程师修改，按原报审程序经过工程监理单位技术负责人批准后报建设单位。对专业性较强的工程项目，项目监理机构应编制监理实施细则。监理实施细则应符合监理规划的要求，并应结合工程项目的专业特点，做到详细具体、具有可操作性。

（2）按规定审查施工组织设计中的安全技术措施或者专项施工方案。

【依据】

《建设工程安全生产管理条例》《危险性较大的分部分项工程安全管理规定》（住房和城乡建设部令第37号）、《建设工程监理规范》（GB/T 50319—2013）。

【解读】

（1）《建设工程安全生产管理条例》：

工程监理单位应当审查施工组织设计中的安全技术措施或者专项施工方案是否符合工程建设强制性标准。

（2）《建设工程监理规范》（GB/T 50319—2013）：

① 项目监理机构应审查施工单位报审的施工组织设计，符合要求时，应由总监理工程师签认后报建设单位。项目监理机构应要求施工单位按已批准的施工组织设计组织施工。施工组织设计需要调整时，项目监理机构应按程序重新审查。

② 总监理工程师应组织专业监理工程师审查施工单位报送的工程开工报审表及相关资料。

【如何做】

（1）《建设工程监理规范》（GB/T 50319—2013）：

① 施工组织设计审查应包括下列基本内容：

a. 编审程序应符合相关规定。

b. 施工进度、施工方案及工程质量保证措施应符合施工合同要求。

c. 资金、劳动力、材料、设备等资源供应计划应满足工程施工需要。

d. 安全技术措施应符合工程建设强制性标准。

e. 施工总平面布置应科学合理。

② 总监理工程师应组织专业监理工程师审查施工单位报送的工程开工报审表及相关资料。同时具备下列条件时，应由总监理工程师签署审核意见，并应报建设单位批准后，总监理工程师签发工程开工令：

a. 设计交底和图纸会审已完成。

b. 施工组织设计已由总监理工程师签认。

c. 施工单位现场质量、安全生产管理体系已建立，管理及施工人员已到位，施工机械具备使用条件，主要工程材料已落实。

d. 进场道路及水、电、通信等已满足开工要求。

（2）《危险性较大的分部分项工程安全管理规定》（住房和城乡建设部令第37号）：

专项施工方案应当由施工单位技术负责人审核签字、加盖单位公章，并由总监理工程师审查签字、加盖执业印章后方可实施。

（3）按规定审核各相关单位资质、安全生产许可证、"安管人员"安全生产考核合格证书和特种作业人员操作资格证书并做好记录。

【依据】

《建设工程监理规范》（GB/T 50319—2013）。

【解读】

　　项目监理机构应审查施工单位现场安全生产规章制度的建立和实施情况，并应审查施工单位安全生产许可证及施工单位项目经理、专职安全生产管理人员和特种作业人员的资格，同时应核查施工机械和设施的安全许可验收手续。

　　（4）按规定对现场实施安全监理。发现安全事故隐患严重且施工单位拒不整改或者不停止施工的，应及时向政府主管部门报告。

【依据】

　　《建设工程安全生产管理条例》。

【如何做】

　　工程监理单位在实施监理过程中，发现存在安全事故隐患的，应当要求施工单位整改；情况严重的，应当要求施工单位暂时停止施工，并及时报告建设单位。施工单位拒不整改或者不停止施工的，工程监理单位应当及时向有关主管部门报告。

2.3.5　监测单位。

　　（1）按规定编制监测方案并进行审核。

基坑监测方案

扫码观看相关资料

【依据】

　　《危险性较大的分部分项工程安全管理规定》（住房和城乡建设部令第 37 号）。

【解读】

　　对于按照规定需要进行第三方监测的危大工程，建设单位应当委托具有相应勘察资质的单位进行监测。

　　监测单位应当编制监测方案。监测方案由监测单位技术负责人审核签字并加盖单位公章，报送监理单位后方可实施。

　　（2）按照监测方案开展监测。

【依据】

　　《危险性较大的分部分项工程安全管理规定》（住房和城乡建设部令第 37 号）。

【如何做】

　　监测单位应当按照监测方案开展监测，及时向建设单位报送监测成果，并对监测成果负责；发现异常时，及时向建设、设计、施工、监理单位报告，建设单位应当立即组织相关单位采取处置措施。

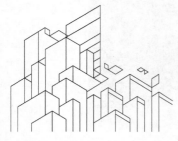

3 工程实体质量控制

3.1 地基基础工程

3.1.1 按照设计和规范要求进行基槽验收。

【依据】

《建筑地基基础工程施工质量验收标准》（GB 50202—2018）。

【解读】

《建筑地基基础工程施工质量验收标准》（GB 50202—2018）中规定，凡是地基与基础工程都必须验槽，而旧规范中仅在基坑工程的一般规定中提出对于基坑（槽）、管沟开挖至设计标高后需验槽合格才能进行垫层施工，当基础类型为复合地基或者桩基础时无法确定是否需要验槽，在现行规范正文中并没有提及，在附录A中也没有解释清楚，这就导致这十几年来我们的验槽工作极具有地方特色。

【如何做】

（1）勘察、设计、监理、施工、建设等各方相关技术人员应共同参加验槽（图3-1）。

图 3-1　基槽验收

（2）验槽时，现场应具备岩土工程勘察报告、轻型动力触探记录（可不进行轻型动力触探的情况除外）、地基基础设计文件、地基处理或深基础施工质量检测报告等。

（3）验槽应在基坑或基槽开挖至设计标高后进行，留置保护土层时，其厚度不应超过100mm，槽底应为无扰动的原状土。

3.1.2　按照设计和规范要求进行轻型动力触探。

【依据】

《建筑地基基础工程施工质量验收标准》（GB 50202—2018）。

【解读】

轻型动力触探记录是施工单位在土方开挖完成后，或者地基处理完成后做的工作记录。一般在施工过程中，称之为钎探记录。常用的是轻型圆锥动力触探，其利用一定的锤击能量（锤重10kg），将一定规格的圆锥探头打入土中，根据贯入锤击数所达到的深度判别土层的类别，确定土的工程性质，对地基土做出综合评价。

一般按规定执行就行了，但遇到下列情况之一时，可不进行轻型动力触探：承压水头可能高于基坑底面标高，触探可造成冒水涌砂时；基础持力层为砾石层或卵石层，且基底以下砾石层或卵石层厚度大于1m时；基础持力层为均匀、密实砂层，且基底以下厚度大于1.5m时。

【如何做】

（1）天然地基验槽前应在基坑或基槽底普遍进行轻型动力触探检验，检验数据作为验槽依据（图3-2）。

图 3-2　轻型动力触探检验

轻型动力触探应检查下列内容：

① 地基持力层的强度和均匀性。

② 浅埋软弱下卧层或浅埋凸出硬层。

③ 浅埋的会影响地基承载力或基础稳定性的古井、墓穴和空洞等。

轻型动力触探宜采用机械自动化实施，检验完毕后，触探孔位处应灌砂填实。

（2）采用轻型动力触探进行基槽检验时，检验深度及间距应按表 3-1 执行。

表 3-1　轻型动力触探检验深度及间距

排列方式	基坑或基槽宽度/m	检验深度/m	检验间距
中心一排	<0.8	1.2	一般为 1.0～1.5m，出现明显异常时，需加密至足够掌握异常边界
两排错开	0.8～2.0	1.5	
梅花形	>2.0	2.1	

注：对于设置有抗拔桩或抗拔锚杆的天然地基，轻型动力触探布点间距可根据抗拔桩或抗拔锚杆的布置进行适当调整；在土层分布均匀部位可只在抗拔桩或抗拔锚杆间距中心布点，对土层不太均匀部位以掌握土层不均匀情况为目的，参照本表间距布点。

3.1.3　地基强度或承载力检验结果符合设计要求。

【依据】

《建筑地基基础工程施工质量验收标准》（GB 50202—2018）。

【如何做】

素土和灰土地基、砂和砂石地基、土工合成材料地基、粉煤灰地基、强夯地基、注浆地基、预压地基等承载力检验，应达到设计要求，检验数量每 300m² 不应少于 1 点，超过 3000m² 部分每 500m² 不应少于 1 点，每单位工程不应少于 3 点。

3.1.4 复合地基的承载力检验结果符合设计要求。

【依据】

《建筑地基基础工程施工质量验收标准》（GB 50202—2018）。

【如何做】

砂石桩、高压喷射注浆桩、水泥土搅拌桩、土和灰土挤密桩、水泥粉煤灰碎石桩、夯实水泥土桩等复合地基的承载力必须达到设计要求，复合地基承载力的检验数量不少于总桩数的 0.5%，且不应少于 3 处（图 3-3）。有单桩承载力或桩身强度检验要求时，检验数量不应少于总桩数的 0.5%，且不应少于 3 根。

图 3-3　复合地基承载检验

3.1.5 桩基础承载力检验结果符合设计要求。

【依据】

《建筑地基基础工程施工质量验收标准》（GB 50202—2018）。

【如何做】

（1）工程桩应进行承载力和桩身完整性检验。

（2）设计等级为甲级或地质条件复杂时，应采用静载试验（图3-4）的方法对桩基承载力进行检验，检验桩数不应少于总桩数的 1%，且不应少于 3 根，当总桩数少于 50 根时，不应少于 2 根。在有经验和对比资料的地区，设计等级为乙级、丙级的桩基可采用高应变法对桩基进行竖向抗压承载力检测，检测数量不应少于总桩数的 5%，且不应少于 10 根。

（3）工程桩的桩身完整性的抽检数量不应少于总桩数的 20%，且不应少于 10 根。每根柱子承台下的桩抽检数量不应少于 1 根。

图 3-4　静载试验

3.1.6　对于不满足设计要求的地基，应有经设计单位确认的地基处理方案，并有处理记录。

【依据】

《建筑地基基础工程施工质量验收标准》（GB 50202—2018）。

【如何做】

当地基不满足设计要求时，应由施工单位编制地基处理技术方案经设计、建设、监理单位批准后方可进行地基处理，并形成处理记录。

3.1.7　填方工程的施工应满足设计和规范要求。

【依据】

《建筑地基基础工程施工质量验收标准》（GB 50202—2018）。

【如何做】

（1）施工前应检查基底的垃圾、树根等杂物清除情况，测量基底标高、边坡坡率，检查验收基础外墙防水层和保护层等。回填料（图3-5）应符合设计要求，并应确定回填料含水量控制范围、铺土厚度、压实遍数等施工参数。

（2）施工中应检查排水系统、每层填筑厚度、碾迹重叠程度、含水量控制、回填土有机质含量、压实系数等。回填施工的压实系数应满足设计要求。当采用分层回填时，应在下层的压实系数经试验合格后进行上层施工。填筑厚度及压实遍数根据土质、压实系数及压实机具确定。

（3）施工结束后，应进行标高及压实系数检验。

图 3-5　回填料

3.2　钢筋工程

3.2.1　确定细部做法并在技术交底中明确。

📄【依据】

《混凝土结构工程施工规范》（GB 50666—2011）。

💬【解读】

　　按照最新的 22G101 钢筋平法图集确定细部做法并由技术人员在技术交底中明确。

3.2.2　清除钢筋上的污染物和施工缝处的浮浆。

📄【依据】

《混凝土结构工程施工规范》（GB 50666—2011）。

💬【解读】

　　在钢筋安装完毕，浇筑混凝土之前，必须清除钢筋上的污染物和施工缝处的浮浆，这是常规做法，这次在《工程质量安全手册》中单独拿出来强调（图 3-6）。

图 3-6　钢筋安装

3.2.3　对预留钢筋进行纠偏。

【依据】

《混凝土结构工程施工规范》（GB 50666—2011）。

【解读】

预留钢筋在现场安装时发生偏差是常见现象，现场同样存在大量暴力纠偏，这次在《工程质量安全手册》中单独拿出来强调，加以规范。

【如何做】

纠偏建议采取下列方式：

（1）侧边焊接法。侧边焊接法适用于墙体、柱内偏移较小的情况。偏位筋要逐渐向上层墙、柱角筋过渡，进行两筋的焊接。

（2）植筋补强法。适用于向墙体、柱内偏移较大的情况。植筋时为保证植入钢筋的锚固长度和稳固性，植筋孔灌浆要饱满并符合强度要求。

（3）截筋和植筋补强联合作用法。截筋和植筋补强联合作用适用于向墙体、柱外偏移较大的情况。把偏位较大的角筋截断，在钢筋的正确位置上进行植筋，新植的钢筋作为墙、柱的竖向主筋。

3.2.4　钢筋加工符合设计和规范要求。

【依据】

《混凝土结构工程施工质量验收规范》（GB 50204—2015）。

【如何做】

（1）钢筋采用机械设备进行调直时，调直设备不应具有延伸功能。当采用冷拉方法调直时，HPB300光圆钢筋的冷拉率不宜大于4%。HRB335、HRB400、HRB500、HRBF335、HRBF400、HRBF500及RRB400带肋钢筋的冷拉率，不宜大于1%。钢筋调直过程中不应损伤带肋钢筋的横肋。调直后的钢筋应平直，不应有局部弯折。

（2）钢筋弯折的弯弧内直径应符合下列规定：

① 光圆钢筋，不应小于钢筋直径的2.5倍。

② 335MPa级、400MPa级带肋钢筋，不应小于钢筋直径的4倍。

③ 500MPa级带肋钢筋，当直径为28mm以下时不应小于钢筋直径的6倍，当直径为28mm及以上时不应小于钢筋直径的7倍。

④ 位于框架结构顶层端节点处的梁上部纵向钢筋和柱外侧纵向钢筋，在节点角部弯折处，当钢筋直径为28mm以下时不宜小于钢筋直径的12倍，当钢筋直径为28mm及以上时不宜小于钢筋直径的16倍。

⑤ 箍筋弯折处尚不应小于纵向受力钢筋直径。

3.2.5　钢筋的牌号、规格和数量符合设计和规范要求。

【依据】

《混凝土结构工程施工质量验收规范》（GB 50204—2015）。

【解读】

不管何种代换方式，都要征得设计单位的同意。钢筋的品种、级别或规格需要作变更时，均应办理设计变更文件。

3.2.6　钢筋的安装位置符合设计和规范要求。

【依据】

《混凝土结构工程施工质量验收规范》（GB 50204—2015）。

【解读】

这次本手册对这类安装常见现象做出了明确要求，可见手册对准确性加以了规范。

 【如何做】

钢筋位置（图3-7）应通过测量放线的方式进行控制。

图 3-7　钢筋位置

3.2.7　保证钢筋位置的措施到位。

【依据】

《混凝土结构工程施工规范》（GB 50666—2011）。

【解读】

钢筋安装应采用定位件固定钢筋的位置（图 3-8），并宜采用专用定位件。定位件应具有足够的承载力、刚度、稳定性和耐久性。定位件的数量、间距和固定方式，应能保证钢筋的位置偏差符合国家现行有关标准的规定。混凝土框架梁、柱保护层内，不宜采用金属定位件。

图 3-8　定位件固定钢筋的位置

【如何做】

（1）按设计要求将墙、柱断面边框尺寸线标在各层楼面上，然后把墙柱从下层伸上来的纵筋用两个箍筋或定位水平筋分别在本层楼面标高及以上500mm处与各纵筋点焊固定，以保证各纵向受力筋的位置。

（2）基础部分墙柱插筋应为短筋插接，逐层接筋，并应用使其插筋骨架不变形的定位箍筋点焊固定，还可采取加箍、加临时支撑等稳固的支顶措施。

（3）钢筋安装应采用定位件固定钢筋的位置，并宜采用专用定位件（预制混凝土定位件），定位件应不低于混凝土的设计强度和耐久性，定位件的数量、间距和固定方式应能保证钢筋的位置。

（4）构件交接处的钢筋位置应符合设计要求。当设计无具体要求时，应保证主要受力构件和构件中主要受力方向的钢筋位置。框架节点处梁纵向受力钢筋宜放在柱纵向钢筋内侧；当主次梁底部标高相同时，次梁下部钢筋应放在主梁下部钢筋之上；剪力墙中水平分布钢筋宜放在外侧，并宜在墙端弯折锚固。

3.2.8　钢筋连接符合设计和规范要求。

【依据】

《混凝土结构工程施工质量验收规范》（GB 50204—2015）。

【如何做】

（1）《混凝土结构设计规范》（GB 50010—2010）：

钢筋连接可采用机械连接、焊接或绑扎搭接。机械连接接头（图3-9）及焊接接头（图3-10）的类型及质量应符合国家现行有关标准的规定。

混凝土结构中受力钢筋的连接接头宜设置在受力较小处。在同一根受力钢筋上宜少设接头。在结构的重要构件和关键传力部位，纵向受力钢筋不宜设置连接接头。

（2）《混凝土结构工程施工质量验收规范》（GB 50204—2015）：

① 钢筋的接头宜设置在受力较小处。有抗震设防要求的结构中，梁端、柱端箍筋加密区范围内不宜设置钢筋接头，且不应进行钢筋搭接。同一纵向受力钢筋不宜设置两个或两个以上的接头。

② 当纵向受力钢筋采用机械连接接头或焊接接头时，设置在同一构件内的接头宜分批错开，纵向受力钢筋的接头在受拉区不宜大于50%，接头不宜设置在有抗震要求的框架梁端、柱端的箍筋加密区。

③ 绑扎接头梁类、板类构件不宜超过25%，基础筏板不宜超过50%，柱类构件不宜超过50%。

图 3-9　机械连接接头

图 3-10　焊接接头

3.2.9　钢筋锚固符合设计和规范要求。

【依据】

《混凝土结构工程施工质量验收规范》（GB 50204—2015）、《混凝土结构设计规范》（GB 50010—2010）。

【如何做】

（1）当锚固钢筋的保护层厚度不大于 $5d$ 时，锚固长度范围内应配置横向构造钢筋，其直径不应小于 $d/4$；对梁、柱、斜撑等构件间距不应大于 $5d$，对板、墙等平面构件间距不应大于 $10d$，且均不应大于 100mm，此处 d 为锚固钢筋的直径。

（2）当纵向受拉普通钢筋末端采用弯钩或机械锚固措施时，包括弯钩或锚固端头在内的锚固长度（投影长度）可取为基本锚固长度 l_{ab} 的 60%（l_{ab}——受拉钢筋的基本锚固长度）。

（3）混凝土结构中的纵向受压钢筋，当计算中充分利用其抗压强度时，锚固长度不应小于相应受拉锚固长度的 70%。

受压钢筋不应采用末端弯钩和一侧贴焊锚筋的锚固措施。

（4）承受动力荷载的预制构件，应将纵向受力普通钢筋末端焊接在钢板或角钢上，钢板或角钢应可靠地锚固在混凝土中。钢板或角钢的尺寸应按计算确定，其厚度不宜小于 10mm。

3.2.10 箍筋、拉筋弯钩符合设计和规范要求。

📑【依据】

《混凝土结构工程施工质量验收规范》（GB 50204—2015）。

✏【如何做】

（1）对一般结构构件（图 3-11），箍筋弯钩的弯折角度不应小于 90°，弯折后平直段长度不应小于箍筋直径的 5 倍；对有抗震设防要求或设计有专门要求的结构构件，箍筋弯钩的弯折角度不应小于 135°，弯折后平直段长度不应小于箍筋直径的 10 倍。

（2）圆形箍筋的搭接长度不应小于其受拉锚固长度，且两末端弯钩的弯折角度应不小于 135°，弯折后平直段长度对一般结构构件不应小于箍筋直径的 5 倍，对有抗震设防要求的结构构件不应小于箍筋直径的 10 倍。

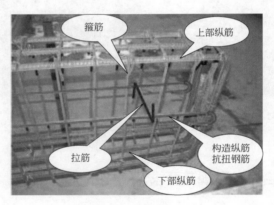

图 3-11 一般结构构件

3.2.11 悬挑梁、板的钢筋绑扎符合设计和规范要求。

📑【依据】

《混凝土结构工程施工质量验收规范》（GB 50204—2015）。

✏【如何做】

（1）悬挑梁（图 3-12）、板的钢筋应按照设计及图集要求进行加工制作。

（2）悬挑梁、板受力钢筋应设置在梁、板顶部。

（3）悬挑梁板的钢筋应与垫块或定位件绑扎固定，施工过程中及时检查垫块或定位件及受力钢筋位置，保证钢筋位置准确。

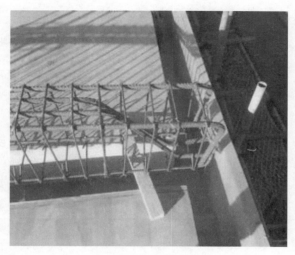

图 3-12　悬挑梁

3.2.12　后浇带预留钢筋的绑扎符合设计和规范要求。

【依据】

《混凝土结构工程施工质量验收规范》（GB 50204—2015）。

【如何做】

（1）后浇带预留钢筋（图3-13）施工前应检查、处理，符合验收标准。
（2）后浇带马凳等定位件应与主筋连接牢固，防止施工时踩踏变形。

图 3-13　后浇带预留钢筋

3.2.13 钢筋保护层厚度符合设计和规范要求。

【依据】

《混凝土结构工程施工质量验收规范》（GB 50204—2015）、《混凝土结构设计规范》（GB 50010—2010）。

【如何做】

（1）构件中受力钢筋的保护层厚度不应小于钢筋的公称直径。

（2）基础底面钢筋的保护层厚度，有垫层时应从垫层顶面算起，且不应小于40mm。

（3）当梁、柱、墙中纵向受力钢筋的保护层厚度大于50mm时，宜对保护层采取有效的构造措施。当在保护层内配置防裂、防剥落的钢筋网片时，网片钢筋的保护层厚度不应小于25mm。

3.3 混凝土工程

3.3.1 模板板面应清理干净并涂刷脱模剂。

【依据】

《建筑施工模板安全技术规范》（JGJ 162—2008）、《混凝土结构工程施工质量验收规范》（GB 50204—2015）。

【如何做】

宜采用水性脱模剂在支模前涂刷（图3-14）。

（a）　　　　　　　　　　　　　　　　　　（b）

图3-14　涂刷脱模剂

3.3.2 模板板面的平整度符合要求。

📑【依据】

《建筑施工模板安全技术规范》（JGJ 162—2008）、《混凝土结构工程施工规范》（GB 50666—2011）。

✏️【如何做】

（1）模板支撑前测量放线，保证标高准确。

（2）模板支撑檩条要有足够的强度，截面尺寸应一致。

（3）模板支撑体系应安装牢固。

3.3.3 模板的各连接部位应连接紧密。

📑【依据】

《建筑施工模板安全技术规范》（JGJ 162—2008）、《混凝土结构工程施工质量验收规范》（GB 50204—2015）。

🔖【解读】

模板的各连接部位应连接紧密。

3.3.4 竹木模板面不得翘曲、变形、破损。

📑【依据】

《建筑施工模板安全技术规范》（JGJ 162—2008）、《混凝土结构工程施工规范》（GB 50666—2011）。

🔖【解读】

竹木模板面不得有翘曲、变形、破损等情况。

3.3.5 框架梁的支模顺序不得影响梁筋绑扎。

📑【依据】

《建筑施工模板安全技术规范》（JGJ 162—2008）、《混凝土结构工程施工规范》（GB 50666—2011）。

✏️【如何做】

宜按先支梁底模板，再安装梁钢筋，最后安装梁侧模板的施工顺序进行施工。

3.3.6 楼板支撑体系的设计应考虑各种工况的受力情况。

【依据】

《建筑施工模板安全技术规范》（JGJ 162—2008）、《混凝土结构工程施工质量验收规范》（GB 50204—2015）、《建筑工程大模板技术标准》（JGJ/T 74—2008）。

【如何做】

（1）模板及支撑体系设计应包括下列内容：
① 模板及支撑体系的选型及构造设计。
② 模板及支撑体系上的荷载及其效应计算。
③ 模板及支撑体系的承载力、刚度和稳定性验算。
④ 绘制模板及支撑体系施工图。

（2）混凝土水平构件的底模板及支撑体系、高大模板支撑体系、混凝土竖向构件和水平构件的侧面模板及支撑体系，宜按相关规定确定最不利的作用效应组合。承载力验算应采用荷载基本组合，变形验算应采用荷载标准组合。

（3）模板支撑体系的高宽比不宜大于 3；当高宽比大于 3 时，应增设横、纵向剪刀撑，斜撑等稳定性措施，并应进行支撑体系的抗倾覆验算。

（4）对于多层楼板连续支模情况，应计入荷载在多层楼板间传递的效应，宜分别验算最不利工况下的支撑体系和楼板结构的承载力。

3.3.7 楼板后浇带的模板支撑体系按规定单独设置。

【依据】

《建筑施工模板安全技术规范》（JGJ 162—2008）、《混凝土结构工程施工质量验收规范》（GB 50204—2015）。

【如何做】

后浇带与主体模板支撑交界处应设双支撑，使后浇带处形成独立的支撑体系（图 3-15）。

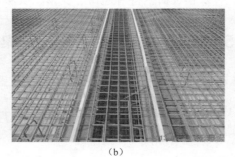

（a）   （b）

图 3-15　后浇带与主体模板支撑交界处应设双支撑

3.3.8 严禁在混凝土中加水。

【依据】

《混凝土结构工程施工规范》（GB 50666—2011）。

【解读】

混凝土运输、输送、浇筑过程中严禁加水。

3.3.9 严禁将洒落的混凝土浇筑到混凝土结构中。

【依据】

《混凝土结构工程施工规范》（GB 50666—2011）。

【解读】

混凝土运输、输送、浇筑过程中散落的混凝土严禁用于混凝土结构构件的浇筑。

3.3.10 各部位混凝土强度符合设计和规范要求。

【依据】

《混凝土结构工程施工规范》（GB 50666—2011）、《混凝土结构设计规范》（GB 50010—2010）。

【解读】

素混凝土结构的混凝土强度等级不应低于C15；钢筋混凝土结构的混凝土强度等级不应低于C20；采用强度等级400MPa及以上的钢筋时，混凝土强度等级不应低于C25。

预应力混凝土结构的混凝土强度等级不宜低于C40，且不应低于C30。

承受重复荷载的钢筋混凝土构件，混凝土强度等级不应低于C30。

【如何做】

（1）施工前应由商混厂家提供混凝土合格证、原材料及配合比试验报告。

（2）混凝土进场后核验混凝土各项基本信息，并检测坍落度。

（3）混凝土应振捣密实。

（4）混凝土浇筑完成后及时进行覆盖及养护。

（5）统计随着龄期混凝土强度的增长情况。

（6）混凝土浇筑前应检查混凝土送料单，核对混凝土配合比，确认混凝土强度等级，检查混凝土运输时间，测定混凝土坍落度，必要时还应测定混凝土扩展度。

3.3.11 墙和板、梁和柱连接部位的混凝土强度符合设计和规范要求。

【依据】

《混凝土结构工程施工规范》（GB 50666—2011）。

【如何做】

（1）墙、柱混凝土设计强度等级比梁、板混凝土设计强度高一个等级时，柱、墙位置梁、板范围内的混凝土经设计单位确认，可采用与梁、板混凝土设计强度等级相同的混凝土进行浇筑。

（2）墙、柱混凝土设计强度比梁、板混凝土设计强度高两个等级及以上时，应在交界区域采取分隔措施，分隔位置应在低强度等级的构件中，且距高强度等级构件边缘不应小于500mm。

（3）宜先浇筑强度等级高的混凝土，后浇筑强度等级低的混凝土。

3.3.12 混凝土构件的外观质量符合设计和规范要求。

【依据】

《混凝土结构工程施工规范》（GB 50666—2011）。

【如何做】

当外观质量出现一般缺陷，应由施工单位按技术处理方案进行处理，并重新检查验收。出现严重缺陷，应由施工单位提出技术处理方案，并经监理（建设）单位认可后进行处理。对已经处理的部位，应重新检查验收（图3-16）。

图3-16　混凝土构件的外观质量

3.3.13 混凝土构件的尺寸符合设计和规范要求。

【依据】

《混凝土结构工程施工质量验收规范》（GB 50204—2015）。

【解读】

　　现浇结构不应有影响结构性能和使用功能的尺寸偏差。混凝土设备基础不应有影响结构性能和设备安装的尺寸偏差。对超过尺寸允许偏差且影响结构性能和安装、使用功能的部位，应由施工单位提出技术处理方案，并经监理（建设）单位认可后进行处理。对经处理的部位，应重新检查验收（图 3-17）。

柱顶处理

图 3-17　现浇混凝土构件

3.3.14　后浇带、施工缝的接茬处应处理到位。

【依据】

　　《混凝土结构工程施工规范》（GB 50666—2011）。

【如何做】

　　（1）施工缝与后浇带的留置位置应在混凝土浇筑前确定，受力复杂的结构构件或有防水抗渗要求的结构构件，施工缝留设位置应经设计单位确认（图 3-18）。

图 3-18　后浇带的留置位置

（2）施工缝或后浇带处接槎处理措施。

① 结合面应采用粗糙面，应清除浮浆、疏松石子、软弱混凝土层，并清理干净。

② 结合面处应采用洒水方法进行充分湿润，并不得有积水。

③ 柱、墙水平施工缝水泥砂浆接浆层厚度不应大于30mm，接浆层水泥砂浆应与混凝土浆液同成分。

3.3.15　后浇带的混凝土按设计和规范要求的时间进行浇筑。

【依据】

《混凝土结构工程施工规范》（GB 50666—2011）。

【如何做】

混凝土后浇带浇筑时间如设计无要求时，待主体结构完成28天后浇筑。对于特殊后浇带，如沉降后浇带应在主体结构完成、沉降稳定后再进行浇筑；收缩后浇带应在两侧混凝土成形后60天就可以浇筑。

3.3.16　按规定设置施工现场试验室。

【依据】

《混凝土结构工程施工规范》（GB 50666—2011）。

【解读】

建筑施工现场应设置标养室，若施工现场需设置试验室，应经市级建设行政主管部门核准（图3-19）。

防盗窗布设，主要是起到设备、资料档案及其它物品的安全防护作用

图3-19　施工现场试验室

3.3.17 混凝土试块应及时进行标识。

【依据】

《混凝土结构工程施工规范》（GB 50666—2011）。

【解读】

试块制作做好标识管理，标识应包括制作日期、强度等级、代表部位和养护方式等信息，鼓励采用二维码等技术手段进行标识（图3-20）。

图 3-20　混凝土试块

3.3.18 同条件试块应按规定在施工现场养护。

【依据】

《混凝土结构工程施工规范》（GB 50666—2011）。

【解读】

同条件养护试块应留置在靠近相应结构构件的适当位置，并应采取相同的养护方法。

施工现场应具备混凝土标准试件制作条件，并应设置标准试件养护室或养护箱。标准试件养护应符合国家现行有关标准的规定。

同条件养护试件的养护条件应与实体结构部位养护条件相同，并应妥善保管。

3.3.19 楼板上的堆载不得超过楼板结构设计承载能力。

【依据】

《混凝土结构工程施工规范》（GB 50666—2011）。

【解读】

　　一般的民用建筑活荷载取 2.0kN/m²，相当于活荷载是 200kg/m²，计算楼板承载力的时候，这个活荷载还要乘以荷载分项系数，一般取 1.5。

3.4 钢结构工程

3.4.1 焊工应当持证上岗，在其合格证规定的范围内施焊。

【依据】

　　《钢结构工程施工规范》（GB 50755—2012）。

【解读】

　　焊工应经考试合格并取得资格证书，应在认可的范围内焊接作业，严禁无证上岗。

3.4.2 一、二级焊缝应进行焊缝内部缺陷检验。

【依据】

　　《钢结构工程施工规范》（GB 50755—2012）、《钢结构工程施工质量验收标准》（GB 50205—2020）。

【如何做】

　　设计要求的一级、二级焊缝应采用超声波探伤进行内部缺陷的检验，超声波探伤不能对缺陷作出判断时，应采用射线探伤。

　　一级、二级焊缝质量等级及无损检测要求见表 3-2。

表 3-2　一级、二级焊缝质量等级及无损检测要求

焊缝质量等级		一级	二级
内部缺陷 超声波探伤	缺陷评定等级	II	III
	检验等级	B 级	B 级
	检测比例	100%	20%
内部缺陷 射线探伤	缺陷评定等级	II	III
	检验等级	B 级	B 级
	检测比例	100%	20%

　　注：二级焊缝检测比例的计数方法应按以下原则确定。

　　工厂制作焊缝按照焊缝长度计算百分比，且探伤长度不小于 200mm；当焊缝长度小于 200mm 时，应对整条焊缝探伤；现场安装焊缝应按照同一类型、同一施焊条件的焊缝条数计算百分比，且不应少于 3 条焊缝。

3.4.3 高强度螺栓连接副的安装符合设计和规范要求。

【依据】

《钢结构工程施工规范》（GB 50755—2012）、《钢结构工程施工质量验收标准》（GB 50205—2020）。

【如何做】

（1）钢结构安装完成后应进行高强度螺栓连接摩擦面的抗滑移系数试验和复验，现场处理的构件摩擦应单独进行摩擦面抗滑移系数试验。

（2）高强度大六角头螺栓连接副终拧完成 1h 后、48h 内应进行终拧扭矩质量检查。

（3）扭剪型高强度螺栓连接副终拧后，除因构造原因无法使用专用扳手终拧掉梅花头者外，未在终拧中拧掉梅花头的螺栓数不应大于该节点螺栓数的 5%。对所有梅花头未拧掉的扭剪型高强度螺栓连接副应采用扭矩法或转角头进行终拧并做标记，按照规范规定进行拧扭矩检查。

（4）高强度螺栓连接（图 3-21）副拧后，螺栓丝扣外露应为 2～3 扣，其中允许有 10% 的螺栓丝扣外露 1 扣或 4 扣。

（a）　　　　　　　　　　　　　　（b）

图 3-21　高强度螺栓连接

（5）高强度螺栓应自由穿入螺栓孔。高强度螺栓孔不应采用气割扩孔，扩孔数量应征得设计同意，扩孔后的孔径不应超过 $1.2d$（d 为螺栓直径）。

（6）螺栓球节点网架总拼完成后，高强度螺栓与球节点应紧固连接，高强度螺栓拧入螺栓球内的螺纹长度不应小于 $1.0d$，连接处不应出现有间隙、松动等未拧紧情况。

3.4.4 钢管混凝土柱与钢筋混凝土梁连接节点核心区的构造应符合设计要求。

【依据】

《钢结构工程施工质量验收标准》（GB 50205—2020）、《钢管混凝土工程施工质量验收规范》（GB 50628—2010）。

【解读】

在钢管混凝土柱和钢筋混凝土梁的连接节点处（图3-22），由于梁钢筋无法直接穿过钢管，导致该节点处施工困难，因此，钢管混凝土柱和钢筋混凝土梁处的节点设计成为工程设计中的难点之一。目前，对于这种节点的常用做法有钢牛腿法、双梁法、环梁法、钢管开大洞后补强法或纯钢筋混凝土节点法。

钢管混凝土柱与钢筋混凝土梁连接节点核心区的构造及钢筋的规格、位置、数量应符合设计要求。

钢管混凝土柱与钢筋混凝土梁采用钢管贯通型节点连接时，在核心区内的钢管外壁处理应符合设计要求，设计无要求时，钢管外壁应焊接不少于两道闭合的钢筋环箍，环箍钢筋直径、位置及焊接质量应符合专项施工方案要求。

钢管混凝土柱与钢筋混凝土梁连接采用钢管柱非贯通型节点连接时，钢板翅片、厚壁连接钢管及加劲肋板的规格、数量、位置与焊接质量应符合设计要求。

图3-22　钢管混凝土柱与钢筋混凝土梁连接节点核心区

【如何做】

（1）钢管混凝土柱与钢筋混凝土梁连接允许偏差应符合相关规定，见表3-3。

表3-3　钢管混凝土柱与钢筋混凝土梁连接允许偏差

项目	允许偏差/mm	检验方法
梁中心线对柱中心线偏移	5	经纬仪、吊线和尺量检查
梁标高	±10	水准仪、尺量检查

（2）钢管柱与钢筋混凝土梁采用钢管贯通型连接时，连接措施应符合设计要求；当设计无要求时，闭合的箍筋环箍应满足下列要求：钢管直径不大于400mm时，环箍钢筋直径不宜小于14mm；钢管直径大于400mm时，环箍钢筋直径不宜小于16mm。环箍宜设在核心区的中下部位置，环箍与钢管焊缝应符合焊接要求。

（3）钢管混凝土柱与钢筋混凝土梁采用非贯通型连接时，钢管柱不直接通过核心区，而采用转换型连接，是另一种核心节点处理形式。在钢管上增加钢板翅片、厚壁连接钢管、加劲肋板等，以达到连接的作用。

3.4.5 钢管内混凝土的强度等级应符合设计要求。

📑【依据】

《钢结构工程施工规范》（GB 50755—2012）、《钢管混凝土结构技术规范》（GB 50936—2014）。

📖【解读】

钢管内的混凝土强度等级不应低于 C30。混凝土的抗压强度和弹性模量应按现行国家标准《混凝土结构设计规范》（GB 50010—2010）执行；当采用 C80 以上高强混凝土时，应有可靠的依据。

3.4.6 钢结构防火涂料的黏结强度、抗压强度应符合设计和规范要求。

📑【依据】

《钢结构工程施工规范》（GB 50755—2012）。

📖【解读】

钢结构防火涂料（图 3-23）的黏结强度、抗压强度应符合国家现行标准《钢结构防火涂料应用技术规程》的规定。

图 3-23 钢结构防火涂料

3.4.7 薄涂型、厚涂型防火涂料的涂层厚度符合设计要求。

📑【依据】

《钢结构工程施工规范》（GB 50755—2012）、《钢结构工程施工质量验收标准》（GB 50205—2020）。

【解读】

　　薄涂型防火涂料的涂层厚度应符合有关耐火极限的设计要求。厚涂型防火涂料涂层的厚度，80%及以上面积应符合有关耐火极限的设计要求，且最薄处厚度不应低于设计要求的85%（图3-24）。

图3-24　薄涂型、厚涂型防火涂料的涂层

3.4.8　钢结构防腐涂料涂装的涂料、涂装遍数、涂层厚度均符合设计要求。

【依据】

　　《钢结构工程施工质量验收标准》（GB 50205—2020）。

【解读】

　　防腐涂料、涂装遍数、涂装间隔、涂层厚度均应满足设计文件、涂料产品标准的要求。当设计对涂层厚度无要求时，涂层干漆膜总厚度：室外不应小于150μm，室内不应小于125μm。钢结构防腐涂料施工如图3-25所示。

图3-25　钢结构防腐涂料施工

3.4.9 多层和高层钢结构主体结构整体垂直度和整体平面弯曲偏差符合设计和规范要求。

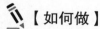 【依据】

《钢结构工程施工质量验收标准》（GB 50205—2020）。

【如何做】

（1）钢结构基础中的预埋件应安装位置准确。

（2）钢结构安装前，柱脚板应做中心标记，柱中心也应做中心标记，安装就位时使中心吻合（图3-26）。

图 3-26　钢结构基础

（3）结构立柱安装中应逐根用经纬仪校正，然后安装连接梁，多层钢结构建筑，应逐层校正钢结构构件的垂直度，当天安装构件应形成稳定的空间体系。

（4）钢结构安装完成后应对钢结构的整体垂直度进行检测。

（5）钢结构整体立面偏移和整体平面弯曲的允许偏差见表3-4。

表 3-4　钢结构整体立面偏移和整体平面弯曲的允许偏差

项目		允许偏差	图例
主体结构的整体立面偏移	单层	$H/1000$，且不大于 25.0	
	高度 60m 以下的多高层	$(H/2500+10)$，且不大于 30.0	
	高度 60m 至 100m 的高层	$(H/2500+10)$，且不大于 50.0	
	高度 100m 以上的高层	$(H/2500+10)$，且不大于 80.0	
主体结构的整体平面弯曲		$l/1500$，且不大于 50.0	

注：在表中除已标注的单位，其他均为 mm。

3.4.10 钢网架结构总拼完成后及屋面工程完成后，所测挠度值应符合设计和规范要求。

【依据】

《钢结构工程施工质量验收标准》（GB 50205—2020）。

【解读】

钢网架结构（图 3-27）总拼完成后及屋面工程完成后应分别测量其挠度，且所测的挠度值不应超过相应荷载条件下挠度计算值的 1.15 倍。

图 3-27　钢网架结构

3.5　装配式混凝土工程

3.5.1 预制构件的质量、标识符合设计和规范要求。

【依据】

《混凝土结构工程施工质量验收规范》（GB 50204—2015）。

【解读】

（1）预制构件应提供质量证明文件及质量验收记录。

（2）对合格的预制构件应作出标识（图 3-28），内容应包括：工程名称、构件型号、生产日期、生产单位、合格标识、结构安装位置和方向、吊运朝向等。

图 3-28　预制构件标识

3.5.2　预制构件的外观质量、尺寸偏差和预留孔、预留洞、预埋件、预留插筋、键槽的位置符合设计和规范要求。

【依据】

《混凝土结构工程施工质量验收规范》（GB 50204—2015）。

【解读】

　　预制构件上的预埋件、预留插筋、预埋管线等的规格和数量以及预留孔、预留洞的数量应符合设计要求（图 3-29）。

图 3-29　预制构件

3.5.3　夹芯外墙板内外叶墙板之间的拉结件类别、数量、使用位置及性能符合设计要求。

【依据】

《装配式混凝土结构技术规程》（JGJ 1—2014）。

【解读】

夹芯外墙板内外叶墙板之间的拉结件（图3-30）类别、数量、使用位置及性能应符合设计要求。

图 3-30　夹芯外墙板内外叶墙板之间的拉结件

3.5.4　预制构件表面预贴饰面砖、石材等饰面与混凝土的黏结性能符合设计和规范要求。

【依据】

《装配式混凝土结构技术规程》（JGJ 1—2014）。

【解读】

预制构件在粘贴饰面材料时应进行拉毛或凿毛处理，也可采用露骨料粗糙面。

【如何做】

带面砖或石材饰面的预制构件（图3-31）应符合下列要求。

（1）当构件饰面层采用面砖时，在模具中铺设面砖前，应根据排砖图的要求进行配砖和加工；饰面砖应采用背面带有燕尾槽或黏结性能可靠的产品。

（2）当构件饰面层采用石材时，在模具中铺设石材前，应根据排布图的要求进行配板和加工；应按设计要求在石材背面钻孔、安装不锈钢卡钩、涂覆隔离层。

图 3-31　预制构件表面预贴饰面砖

3.5.5 后浇混凝土中钢筋安装、钢筋连接、预埋件安装符合设计和规范要求。

【依据】

《装配式混凝土结构技术规程》（JGJ 1—2014）。

【解读】

装配式结构的后浇混凝土部位在浇筑前应进行隐蔽工程验收。应验收项目包括后浇混凝土中钢筋安装、钢筋连接、预埋件安装。

3.5.6 预制构件的粗糙面或键槽符合设计要求。

【依据】

《混凝土结构工程施工质量验收规范》（GB 50204—2015）、《装配式混凝土结构技术规程》（JGJ 1—2014）。

【解读】

预制构件与现浇结构的结合面应为粗糙面或键槽形式，必要时应在键槽、粗糙面上配置抗剪或抗拉钢筋等，以确保结构的整体性。

预制构件与后浇混凝土、灌浆料、坐浆材料的结合面应设置粗糙面、键槽，并应符合下列规定：

（1）预制板与后浇混凝土叠合层之间的结合面应设置粗糙面。

（2）预制梁与后浇混凝土叠合层之间的结合面应设置粗糙面；预制梁端面应设置键槽（图 3-32）且宜设置粗糙面。键槽的深度 t 不宜小于 30mm，宽度 w 不宜小于深度的 3 倍且不宜大于深度的 10 倍；键槽可贯通截面，当不贯通时槽口距离截面边缘不宜小于 50mm；键槽间距宜等于键槽宽度；键槽端部斜面倾角不宜大于 30°。

（3）预制剪力墙的顶部和底部与后浇混凝土的结合面应设置粗糙面；侧面与后浇混凝土的结合面应设置粗糙面，也可设置键槽；键槽深度 t 不宜小于 20mm，宽度 w 不宜小于深度的 3 倍且不宜大于深度的 10 倍，键槽间距宜等于键槽宽度，键槽端部斜面倾角不宜大于 30°。

（4）预制柱的底部应设置键槽且宜设置粗糙面，键槽应均匀布置，键槽深度不宜小于 30mm，键槽端部斜面倾角不宜大于 30°。柱顶应设置粗糙面。

（5）粗糙面的面积不宜小于结合面的 80%，预制板的粗糙面凹凸深度不应小于 4mm，预制梁端、预制柱端、预制墙端的粗糙面凹凸深度不应小于 6mm。

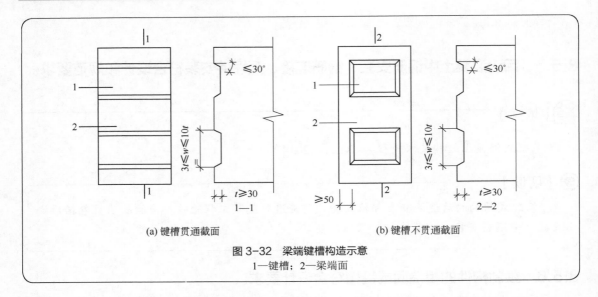

(a) 键槽贯通截面   (b) 键槽不贯通截面

图 3-32　梁端键槽构造示意
1—键槽；2—梁端面

3.5.7　预制构件与预制构件、预制构件与主体结构之间的连接符合设计要求。

📑【依据】

《装配式混凝土结构技术规程》（JGJ 1—2014）。

📖【解读】

（1）装配式结构采用现浇混凝土或砂浆连接构件时，应符合下列规定。

① 构件连接处现浇混凝土或砂浆的强度及收缩性能应满足设计要求。设计无具体要求时，应符合下列规定：

a. 承受内力的连接处应采用混凝土浇筑，混凝土强度等级值不应低于连接处构件混凝土强度设计等级值的较大值。

b. 非承受内力的连接处可采用混凝土或砂浆浇筑，其强度等级不应低于 C15 或M15。

c. 混凝土粗骨料最大粒径不宜大于连接处最小尺寸的 1/4。

② 浇筑前，应清除浮浆、松散骨料和污物，并宜洒水湿润。

③ 连接节点、水平拼缝应连续浇筑；竖向拼缝可逐层浇筑，每层浇筑高度不宜大于 2m，应采取保证混凝土或砂浆浇筑密实的措施。

④ 混凝土或砂浆强度达到设计要求后，方可承受全部设计荷载。

（2）装配式结构采用焊接或螺栓连接构件时，应符合设计要求或国家现行有关钢结构施工标准的规定，并应对外露铁件采取防腐和防火措施。采用焊接连接时，应采取避免损伤已施工完成结构、预制构件及配件的措施。

（3）装配式结构采用后张预应力筋连接构件时，预应力工程施工应符合《混凝土结构工程施工规范》（GB 50666—2011）第 6 章的规定。

（4）装配式结构构件间的钢筋连接可采用焊接、机械连接、搭接及套筒灌浆连接等方式。钢筋锚固及钢筋连接长度应满足设计要求。

3.5.8 后浇筑混凝土强度符合设计要求。

【依据】

《混凝土结构工程施工质量验收规范》（GB 50204—2015）。

【如何做】

后浇混凝土的施工应符合下列规定：

（1）预制构件结合面疏松部分的混凝土应剔除并清理干净。

（2）模板应保证后浇混凝土部分形状、尺寸和位置准确，并应防止漏浆。

（3）在浇筑混凝土前应洒水润湿结合面，混凝土应振捣密实。

（4）同一配合比的混凝土，每工作班且建筑面积不超过1000m² 应制作一组标准养护试件，同一楼层应制作不少于3组标准养护试件。

3.5.9 钢筋灌浆套筒、灌浆套筒接头符合设计和规范要求。

【依据】

《钢筋套筒灌浆连接应用技术规程》（JGJ 355—2015）、《装配式混凝土结构技术规程》（JGJ 1—2014）。

【如何做】

灌浆施工前，应对不同钢筋生产企业的进场钢筋进行接头工艺检验；施工过程中当更换钢筋生产企业，或同生产企业生产的钢筋外形尺寸与已完成工艺检验的钢筋有较大差异时，应再次进行工艺检验。

3.5.10 钢筋连接套筒、浆锚搭接的灌浆应饱满。

【依据】

《钢筋套筒灌浆连接应用技术规程》（JGJ 355—2015）、《混凝土结构工程施工质量验收规范》（GB 50204—2015）。

【解读】

（1）灌浆后所有出浆口均应出浆。

（2）钢筋水平连接时，灌浆套筒各自独立灌浆。

（3）竖向构件宜采用连通腔灌浆，并应合理划分连通灌浆区域。每个区域除预留灌浆孔、出浆孔与排气孔外，应形成密闭空腔，不应漏浆。连通灌浆区域内任意两个灌浆套筒间距不宜超过1.5m。

（4）竖向预制构件不采用连通腔灌浆方式时，构件就位前应设置坐浆层。

✎【如何做】

钢筋套筒灌浆连接接头、钢筋浆锚搭接连接接头按检验批划分要求及时灌浆，灌浆作业应符合国家现行有关标准计时工方案的要求，并应符合下列规定：

（1）灌浆施工时，环境温度不应低于5℃；当连接部位养护温度低于10℃时，应采取加热保温措施。

（2）灌浆操作全过程应有专职检验人员负责旁站监督并及时形成施工质量检查记录。

（3）应按产品使用说明书的要求计量灌浆料和水的用量，并搅拌均匀；每次拌制的灌浆料拌合物应进行流动度的检测，且其流动度应满足《钢筋套筒灌浆连接应用技术规程》（JGJ 355—2015）的要求。

（4）灌浆作业应采用压浆法从下口灌注，当浆料从上口流出后应及时封堵，必要时可设分仓进行灌浆。

（5）灌浆料拌合物应在制备后30min内用完。

3.5.11 预制构件连接接缝处防水做法符合设计要求。

▤【依据】

《混凝土结构工程施工质量验收规范》（GB 50204—2015）。

✇【解读】

在预制外墙板与现浇构件的连接节点处的防水尤其重要；目前现有技术还会产生日后的渗水情况，节点处的防水结构成了预制装配式建筑的一大难题。目前常用的一种装配式建筑预制外墙接缝处防水结构做法，包括预制外墙板、现浇楼板、止水条，其特征在于：所述现浇楼板上部做成泄水坡和挡水台形状，所述预制外墙板下部前沿做成凸起的遮缝边坎形状，所述现浇楼板与预制外墙板内侧水平凹槽内设置止水条，所述止水条处设置聚合物水泥砂浆，所述预制外墙板外侧与现浇楼板接缝处设置发泡聚乙烯棒，所述发泡聚乙烯棒上设置硅酮（聚硅氧烷）密封胶，所述预制外墙上部与现浇楼板结合面外侧设置一层加强网格布，所述加强网格布外侧设置一层外墙涂料。

3.5.12 预制构件的安装尺寸偏差符合设计和规范要求。

▤【依据】

《混凝土结构工程施工质量验收规范》（GB 50204—2015）。

✇【解读】

装配式结构施工后，预制构件位置、尺寸允许偏差及检验方法应符合设计要求；当设计无具体要求时，应符合表3-5的规定。预制构件与现浇结构连接部位的表面平整度应符合表3-5的规定。

检查数量：按楼层、结构缝或施工段划分检验批。在同一检验批内，对梁、柱和独立基础，应抽查构件数量的 10%，且不应少于 3 件；对墙和板，应按有代表性的自然间抽查 10%，且不应少于 3 间；对大空间结构，墙可按相邻轴线间高度 5m 左右划分检查面，板可按纵、横轴线划分检查面，抽查 10%，且均不应少于 3 面。

表 3-5　装配式预制构件位置和尺寸允许偏差及检验方法

项目			允许偏差/mm	检验方法
构件轴线位置	竖向构件（柱、墙板、桁架）		8	经纬仪及尺量
	水平构件（梁、楼板）		5	
标高	梁、柱、墙板、楼板底面或顶面		±5	水准仪或拉线、尺量
构件垂直度	柱、墙板安装后的高度	≤6m	5	经纬仪或吊线、尺量
		>6m	10	
构件倾斜度	梁、桁架		5	经纬仪或吊线、尺量
相邻构件平整度	梁、楼板底面	外漏	3	2m 靠尺和塞尺量测
		不外漏	5	
	柱、墙板	外漏	5	
		不外漏	8	
构件搁置长度	梁、板		±10	尺量
支座、支垫中心位置	板、梁、柱、墙板、桁架		10	尺量
墙板接缝宽度			±5	尺量

3.5.13　后浇混凝土的外观质量和尺寸偏差符合设计和规范要求。

【依据】

《混凝土结构工程施工质量验收规范》（GB 50204—2015）、《装配式混凝土结构技术规程》（JGJ 1—2014）。

【如何做】

（1）预制构件结合面疏松部分的混凝土应剔除并清理干净。

（2）模板安装尺寸及位置应正确，并应防止漏浆。

（3）在浇筑混凝土前应洒水湿润，结合面混凝土应振捣密实。

（4）模板与预制构件接缝处应采取防止渗漏的措施，可粘贴密封条。

（5）混凝土浇筑应布料均衡，浇筑和振捣时，应对模板及支架进行观察和维护，发生异常情况应及时处理。构件接缝混凝土浇筑和振捣应采取措施防止模板、相连接构件、钢筋、预埋件及其定位件移位。

（6）构件连接部位后浇混凝土及灌浆料的强度达到设计要求后，方可拆除临时支撑系统。

（7）混凝土分层浇筑高度应符合国家现行有关标准的规定，应在底层混凝土初凝前将上一层混凝土浇筑完毕。

3.6 砌体工程

3.6.1 砌块质量符合设计和规范要求。

【依据】

《砌体结构工程施工质量验收规范》（GB 50203—2011）。

【如何做】

（1）砌块进场应有产品合格证书、产品性能型式检验报告。

（2）砌块进场后应在监理单位的见证下取样，并送检测机构进行检验。

3.6.2 砌筑砂浆的强度符合设计和规范要求。

【依据】

《砌体结构工程施工质量验收规范》（GB 50203—2011）。

【如何做】

（1）水泥砂浆及预拌砌筑砂浆的强度等级可分为 M5、M7.5、M10、M15、M20、M25、M30；水泥混合砂浆的强度等级可分为 M5、M7.5、M10、M15。

（2）砂浆的强度等级应按下列规定采用：

① 烧结普通砖、烧结多孔砖、蒸压灰砂普通砖和蒸压粉煤灰普通砖砌体采用的普通砂浆强度等级：M15、M10、M7.5、M5 和 M2.5。蒸压灰砂普通砖和蒸压粉煤灰普通砖砌体采用的专用砌筑砂浆强度等级：Ms15、Ms10、Ms7.5、Ms5.0。

② 混凝土普通砖、混凝土多孔砖、单排孔混凝土砌块和煤矸石混凝土砌块砌体采用的砂浆强度等级：Mb20、Mb15、Mb10、Mb7.5 和 Mb5。

③ 双排孔或多排孔轻集料混凝土砌块砌体采用的砂浆强度等级：Mb10、Mb7.5 和 Mb5。

④ 毛料石、毛石砌体采用的砂浆强度等级：M7.5、M5 和 M2.5。

注：确定砂浆强度等级时应采用同类块体为砂浆强度试块底模。

（3）施工中不应采用强度等级小于 M5 水泥砂浆替代同强度等级水泥混合砂浆，如需替代，应将水泥砂浆提高一个强度等级。

3.6.3 严格按规定留置砂浆试块，做好标识。

【依据】

《砌体结构工程施工质量验收规范》（GB 50203—2011）。

做好试块标识管理，标识应包括制作日期、强度等级、代表部位和养护方式等信息，砂浆试块（图3-33）应进行标养。

图3-33　砂浆试块

3.6.4　墙体转角处、交接处必须同时砌筑，临时间断处留槎符合规范要求。

【依据】

《砌体结构工程施工质量验收规范》（GB 50203—2011）。

【如何做】

砖块的转角处和交接处应同时砌筑，墙体转角处和纵横交接处应同时砌筑，如图3-34所示。临时间断处应砌成斜槎，斜槎水平投影长度不应小于斜槎高度。施工洞口可预留直槎，但在洞口砌筑和补砌时，应在直槎上下搭砌的小砌块孔洞内用强度等级不低于C20（或Cb20）的混凝土灌实。

图3-34　砖块的砌筑

3.6.5　灰缝厚度及砂浆饱满度符合规范要求。

📑【依据】

《砌体结构工程施工质量验收规范》（GB 50203—2011）。

🔖【解读】

（1）砌体水平灰缝和竖向灰缝的砂浆饱满度用专用百格网检测砂浆饱满度。

（2）砌体灰缝厚度用皮数杆进行控制。

✏️【如何做】

（1）砌体灰缝砂浆（图3-35）应密实饱满，砖墙水平灰缝的砂浆饱满度不得低于80%；砖柱水平灰缝和竖向灰缝饱满度不得低于90%。

（2）砌体水平灰缝和竖向灰缝的砂浆饱满度，按净面积计算不得低于90%。

图3-35　砌体灰缝砂浆

3.6.6　构造柱、圈梁符合设计和规范要求。

📑【依据】

《砌体结构工程施工质量验收规范》（GB 50203—2011）。

✏️【如何做】

（1）构造柱（图3-36）设置要求如下。

图 3-36　构造柱

① 墙长大于 5m 时，在砌体填充墙中（遇洞口设在洞口边）设置构造柱，间距应≤5m。

② 当墙长大于层高 2 倍时，宜设构造柱。

③ 按规定需设构造柱处：墙体转角、砌体丁字交接处、通窗或者连窗的两侧。

（2）圈梁设置要求如下。

① 墙高超过 4m 时，墙体半高宜设置与柱连接且沿墙全长贯通的钢筋混凝土圈梁。

② 圈梁宜连续地设在同水平面上，沿纵横墙方向应形成封闭状。当圈梁被门窗洞口截断时，应在洞口上部增设相同截面的附加圈梁。附加圈梁与圈梁的搭接长度不应小于其中垂直间距的 2 倍，且不得小于 1m。

3.7　防水工程

3.7.1　严禁在防水混凝土拌合物中加水。

【依据】

《混凝土结构工程施工规范》（GB 50666—2011）、《地下工程防水技术规范》（GB 50108—2008）。

【解读】

当防水混凝土拌合物在运输后出现离析，应进行二次搅拌。当坍落度损失后不能满足施工要求时，应加入原水胶比的水泥砂浆或掺加同品种的减水剂进行搅拌，严禁直接加水。

3.7.2 防水混凝土的节点构造符合设计和规范要求。

【依据】

《混凝土结构工程施工规范》（GB 50666—2011）。

【如何做】

（1）墙体水平施工缝应留设在高出底板表面不小于300mm的墙体上。

（2）施工缝浇筑混凝土前，应将其表面浮浆和杂物清除，然后铺设净浆，并及时浇筑混凝土。

（3）后浇带（图3-37）两侧的接缝表面应先清理干净，再涂刷混凝土界面处理剂或水泥基渗透结晶型防水涂料。

图3-37　后浇带

3.7.3 中埋式止水带埋设位置符合设计和规范要求。

【依据】

《地下防水工程质量验收规范》（GB 50208—2011）。

【如何做】

（1）中埋式止水带（图3-38）应固定在挡头模板上，先安装一端，浇筑混凝土时，另一端应用箱形模板保护固定时只能在止水带的允许部位上穿孔打洞，不得损坏止水带本体部分。

（2）在浇捣靠近止水带附近的混凝土时，严格控制浇捣的冲击力，避免力量过大而刺破橡胶止水带，同时还应充分振捣，保证混凝土与橡胶止水带的紧密结合，施工中如发现有破裂现象应及时修补。

图 3-38　中埋式止水带

3.7.4　水泥砂浆防水层各层之间应结合牢固。

【依据】

《地下防水工程质量验收规范》（GB 50208—2011）。

【如何做】

防水砂浆施工应符合以下要求：

（1）厚度大于 10mm 时，应分层施工，第二层应待前一层指触不粘时进行，各层应黏结牢固。

（2）每层宜连续施工，留槎时，应采用阶梯坡形式，接槎部位离阴阳角不得小于 200mm；上下层接槎应错开 300mm 以上，接槎应依层次顺序操作，层层搭接。

（3）喷涂施工时，喷枪的喷嘴应垂直于基面，合理调整压力、喷嘴与基面距离。

（4）涂抹时应压实、抹平，遇气泡时应挑破，保证铺抹密实。

（5）抹平、压实应在初凝前完成。

3.7.5　地下室卷材防水层的细部做法符合设计要求。

【依据】

《地下防水工程质量验收规范》（GB 50208—2011）。

【解读】

地下室卷材防水（图3-39）工程设计文件中应明确施工缝、变形缝、后浇带、穿墙管、埋设件、预留通道接头、桩头、孔口、坑、池等部位的细部构造做法。

图3-39　地下室卷材防水

3.7.6　地下室涂料防水层的厚度和细部做法符合设计要求。

【依据】

《地下防水工程质量验收规范》（GB 50208—2011）。

【如何做】

（1）涂膜（图3-40）应分层涂刷或喷涂，涂层应均匀，涂刷应待前一遍涂层干燥成膜后进行；每遍涂刷时应交替改变涂层的涂刷方向，同层涂膜的先后搭压宽度宜为30～50mm。

（2）涂膜防水层的甩槎处接缝宽度不应小于100mm，接涂前应将其甩槎表面处理干净。

（3）涂膜防水基层阴阳角处应做成圆弧，在转角处、变形缝、施工缝、穿墙管等部位应增加胎体增强材料和增涂防水涂膜，宽度不应小于500mm。

图3-40　涂膜

3.7.7 地面防水隔离层的厚度符合设计要求。

【依据】

《建筑地面工程施工质量验收规范》（GB 50209—2010）。

【如何做】

（1）铺设隔离层时，在管道穿过楼板面四周，防水、防油渗材料应向上铺涂，并超过套管的上口；在靠近柱、墙处，应高出面层 200～300mm 或按设计要求的高度铺涂。阴阳角和管道穿过楼板面的根部应增加铺涂附加防水、防油渗隔离层。

（2）厕浴间和有防水要求的建筑地面必须设置防水隔离层。楼层结构必须采用现浇混凝土或整块预制混凝土板，混凝土强度等级不应小于 C20；房间的楼板四周除门洞外应做混凝土翻边，高度不应小于 200mm，宽同墙厚，混凝土强度等级不应小于 C20。施工时结构层标高和预留孔洞位置应准确，严禁乱凿洞。

3.7.8 地面防水隔离层的排水坡度、坡向符合设计要求。

【依据】

《建筑地面工程施工质量验收规范》（GB 50209—2010）。

【解读】

防水隔离层严禁渗漏，排水坡向应正确，排水通畅。

3.7.9 地面防水隔离层的细部做法符合设计和规范要求。

【依据】

《建筑地面工程施工质量验收规范》（GB 50209—2010）。

【如何做】

（1）铺设隔离层时，在管道穿过楼板面四周，防水材料应向上铺设，并超过套管的上口。
（2）铺设隔离层时，在靠近柱、墙处，应高出面层 200～300mm，或按设计要求高度铺设。
（3）阴阳角和管道穿过楼板面的根部应增加铺涂附加防水隔离层。

3.7.10 有淋浴设施的墙面的防水高度符合设计要求。

【依据】

《建筑地面工程施工质量验收规范》（GB 50209—2010）。

✏️ 【如何做】

（1）防水地面防水层（图 3-41）应高出地面 200mm，有淋浴的卫生间墙面防水层应高出地面 1800mm。

（2）楼地面的防水层在门口处应水平延展，且向外延展的长度不应小于 500mm，向两侧延展的宽度不应小于 200mm。

图 3-41 防水地面防水层

3.7.11 屋面防水层的厚度符合设计要求。

📑 【依据】

《屋面工程质量验收规范》（GB 50207—2012）。

💬 【解读】

屋面防水层（图 3-42）的厚度指的是复合防水层的总厚度，例如可能用的是几层卷材防水的厚度，或者是几层涂膜防水层的厚度，也可能是卷材防水和同时使用涂膜防水层加在一起的厚度，应符合设计要求。

图 3-42 屋面防水层

3.7.12 屋面防水层的排水坡度、坡向符合设计要求。

【依据】

《屋面工程质量验收规范》（GB 50207—2012）。

【如何做】

屋面找坡（图3-43）应满足设计排水坡度要求，结构找坡不应小于 3%，材料找坡宜为 2%；檐沟、天沟纵向找坡不应小于1%，沟底水落差不得超过200mm。

图 3-43　屋面找坡

3.7.13 屋面细部的防水构造符合设计和规范要求。

【依据】

《屋面工程质量验收规范》（GB 50207—2012）。

【如何做】

屋面防水细部构造包括檐口、檐沟和天沟、女儿墙及山墙、水落口、变形缝、伸出屋面管道、屋面出入口、反梁过水孔、设施基座、屋脊、屋顶窗等部位，如图3-44所示。

（1）檐沟防水层应由沟底翻上至外侧顶部，卷材收头应用金属压条钉压固定，并应用密封材料封严。

（2）女儿墙和山墙的压顶向内排水坡度不应小于5%，压顶内侧下端应做成鹰嘴或滴水槽。

（3）水落口杯上口应设在沟底的最低处；水落口处不得有渗漏和积水现象。

（4）变形缝处防水层应铺贴或涂刷至泛水墙的顶部。

（5）伸出屋面管道周围的找平层应抹出高度不小于30mm 的排水坡。

（6）屋面水平出入口防水层收头应压在混凝土踏步下，附加层铺设和护墙应符合设计要求。

（7）反梁过水孔的孔洞四周应涂刷防水涂料；预埋管道两端周围与混凝土接触处应留凹槽，并应用密封材料封严。

（8）设施基座与结构层相连时，防水层应包裹设施基座的上部，并应在地脚螺栓周围做密封处理。

（9）脊瓦应搭盖正确，间距应均匀，封固应严密。

（10）屋顶窗的窗口防水卷材应铺贴平整，黏结应牢固。

图 3-44　屋面防水

3.7.14　外墙节点构造防水符合设计和规范要求。

【依据】

《建筑装饰装修工程质量验收标准》（GB 50210—2018）、《建筑外墙防水工程技术规程》（JGJ/T 275—2011）。

【解读】

在 2018 年的规范中对构造节点位置外墙防水要求中除了规范传统的砂浆防水层、卷材防水层外，把近些年常用的外墙防水工程涂膜防水层、透气膜防水层（图 3-45）做法也做了规范，进一步完善了在变形缝、门窗洞口、穿外墙管道和预埋件等部位的做法，且应符合设计要求。

图 3-45　外墙防水工程

【如何做】

　　建筑外墙节点应包括门窗洞口、雨篷、阳台、变形缝、伸出外墙管道、女儿墙压顶、外墙预埋件、预制构件等与外墙的交接部位。

　　（1）门窗框与墙体间的缝隙宜采用聚合物水泥防水砂浆或发泡聚氨酯填充。

　　（2）雨篷应设置不小于1%的外排水坡度，外口下沿应做滴水线。

　　（3）阳台应向水落口设置不小于1%的排水坡度，水落口周边应留槽嵌填密封材料。

　　（4）变形缝部位应增设合成高分子防水卷材附加层，卷材两端应满粘于墙体，满粘宽度不小于150mm，并应顶压固定，收头应用密封材料密封。

　　（5）穿过外墙的管道宜采用套管，套管应内高外低，坡度不应小于5%，套管周边应做防水密封处理。

　　（6）女儿墙压顶宜采用现浇钢筋混凝土或金属压顶，压顶应向内找坡，坡度不应小于5%。

　　（7）外墙预埋件四周应用密封材料封闭严密。

3.7.15　外窗与外墙的连接处做法符合设计和规范要求。

【依据】

　　《建筑装饰装修工程质量验收标准》（GB 50210—2018）。

【如何做】

　　建筑外墙节点应包括门窗洞口、雨篷、阳台、变形缝、伸出外墙管道、女儿墙压顶、外墙预埋件、预制构件等与外墙的交接部位。门窗框与墙体间的缝隙（图3-46）宜采用聚合物水泥防水砂浆或发泡聚氨酯填充。

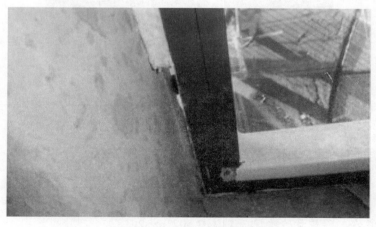

图 3-46　门窗框与墙体间的缝隙

3.8 装饰装修工程

3.8.1 外墙外保温与墙体基层的黏结强度符合设计和规范要求。

【依据】

《建筑节能工程施工质量验收标准》（GB 50411—2019）。

【如何做】

保温板材与基层之间的黏结或连接必须牢固。保温板材与基层的拉伸黏结强度和黏结面积比应符合设计要求。保温板材与基层之间的拉伸黏结强度应进行现场拉拔试验，且不得在界面破坏。黏结面积比应进行剥离检验。

当采用保温浆料做外保温时，厚度大于 20mm 的保温浆料应分层施工。保温浆料与基层之间的黏结必须牢固，不应脱层、空鼓和开裂。EPS 板与墙面应黏结牢固，无松动和虚粘现象。EPS 板与基层墙体拉伸黏结强度不得小于 0.10MPa，黏结面积率不小于 40%（图 3-47）。

图 3-47 外墙外保温

3.8.2 抹灰层与基层之间及各抹灰层之间应黏结牢固。

【依据】

《建筑装饰装修工程质量验收规范》（GB 50210—2018）。

【如何做】

（1）抹灰工程应分层进行。当抹灰总厚度大于或等于 35mm 时，应采取加强措施。

（2）不同材料基体交接处表面的抹灰，应采取防止开裂的加强措施，当采用加强网时，加强网与各基体的搭接宽度不应小于 100mm。

（3）抹灰层与基层之间及各抹灰层之间应黏结牢固，抹灰层应无脱层和空鼓，面层应无爆灰和裂缝（图 3-48）。

图 3-48　需抹灰墙面

3.8.3　外门窗安装牢固。

【依据】

《建筑装饰装修工程质量验收标准》（GB 50210—2018）。

【如何做】

建筑外门窗（图 3-49）的安装必须牢固。在砌体上安装门窗严禁用射钉固定。

图 3-49　建筑外门窗

3.8.4 推拉门窗扇安装牢固，并安装防脱落装置。

【依据】

《住宅装饰装修工程施工规范》（GB 50327—2001）、《建筑装饰装修工程质量验收标准》（GB 50210—2018）。

【如何做】

推拉门窗扇（图 3-50）必须有防脱落措施，扇与框的搭接量应符合设计要求。

图 3-50　推拉门窗扇

3.8.5 幕墙的框架与主体结构连接、立柱与横梁的连接符合设计和规范要求。

【依据】

《建筑装饰装修工程质量验收标准》（GB 50210—2018）。

【解读】

（1）幕墙与主体结构连接（图 3-51）的各种预埋件，其数量、规格、位置和防腐处理应符合设计要求。

（2）墙及其连接件应具有足够的承载力、刚度和相对于主体结构的位移能力。当幕墙构架立柱的连接金属角码与其他连接件采用螺栓连接时，应有防松动措施。

（a）　　　　　　　　　　　　　　　（b）

图 3-51　幕墙与主体结构连接

3.8.6　幕墙所采用的结构黏结材料符合设计和规范要求。

【依据】

《建筑装饰装修工程质量验收标准》（GB 50210—2018）。

【解读】

幕墙工程（图3-52）所用黏结材料应对邵氏硬度、标准条件拉伸黏结强度、相容性试验、剥离黏结性试验、石材用密封胶的污染性进行检验。

（a）

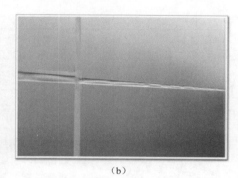
（b）

图 3-52　幕墙

玻璃幕墙采用中性硅酮（聚硅氧烷）结构密封胶时，其性能应符合要求，硅酮（聚硅氧烷）结构密封胶应在有效期内使用。

3.8.7　应按设计和规范要求使用安全玻璃。

【依据】

《塑料门窗工程技术规程》（JGJ 103—2008）。

【如何做】

门窗工程有下列情况之一时，应使用安全玻璃（图3-53）。

图 3-53　安全玻璃天窗

（1）面积大于 1.5m² 的窗玻璃。

（2）距离可踏面高度 900mm 以下的窗玻璃。

（3）与水平面夹角不大于 75° 的倾斜窗，包括天窗、采光顶等在内的顶棚。

（4）7 层及 7 层以上建筑外开窗。

（5）人员流动性大的公共场所，易于受到人员和物体碰撞的铝合金门窗应采用安全玻璃。

3.8.8 重型灯具等重型设备严禁安装在吊顶工程的龙骨上。

【依据】

《建筑装饰装修工程质量验收标准》（GB 50210—2018）。

【解读】

重型设备和有振动荷载的设备严禁安装在吊顶工程的龙骨上（图 3-54）。

图 3-54　吊顶工程的龙骨

3.8.9 饰面砖粘贴牢固。

【依据】

《建筑装饰装修工程质量验收标准》（GB 50210—2018）。

【解读】

（1）内外墙饰面砖粘贴应牢固。

（2）满粘法施工的内墙饰面砖无裂缝、无空鼓。

（3）外墙饰面砖粘贴工程的伸缩缝设置应符合设计要求。

（4）外墙饰面砖（图 3-55）应无空鼓、裂缝。

图 3-55　外墙饰面砖

3.8.10　饰面板安装符合设计和规范要求。

【依据】

《建筑装饰装修工程质量验收标准》（GB 50210—2018）。

【解读】

（1）石板、陶瓷板安装工程的预埋件（或后置埋件）、连接件的材质、数量、规格、位置、连接方法和防腐处理应符合设计要求。后置埋件的现场拉拔力应符合设计要求。

（2）木板、金属板、塑料板安装工程的龙骨、连接件的材质、数量、规格、位置、连接方法和防腐处理应符合设计要求（图 3-56）。

图 3-56　饰面板

3.8.11　护栏安装符合设计和规范要求。

【依据】

《建筑装饰装修工程质量验收标准》（GB 50210—2018）。

⊕【解读】

（1）护栏和扶手安装预埋件的数量、规格、位置以及护栏与预埋件的连接节点应符合设计要求。

（2）护栏玻璃（图3-57）应使用公称厚度不小于12mm的钢化玻璃或钢化夹层玻璃，当护栏一侧距楼地面高度为5m及以上时应使用钢化夹层玻璃。

（3）当用垂直杆件做栏杆时，其杆件净距不大于0.11m。

（4）栏杆净高，六层及六层以下的不低于1.05m，七层及七层以上的不低于1.1m。

（5）楼梯扶手高度不小于0.9m，楼梯水平段栏杆长度大于0.5m时，其扶手高度不得低于1.05m。

图3-57　护栏玻璃

3.9　给排水及采暖工程

3.9.1　管道安装符合设计和规范要求。

📄【依据】

《建筑给水排水及采暖工程施工质量验收规范》（GB 50242—2002）。

⊕【解读】

（1）地下室或地下构筑物外墙有管道穿过的，应采取防水措施，对有严格防水要求的建筑物，应采用柔性防水套管（图3-58）。

（2）管道安装坡度，当设计未注明时，应符合下列规定。

① 汽、水同向流动的热水采暖管道和汽、水同向流动的蒸汽管道及凝结水管道，坡度应为0.3%，不得小于0.2%。

② 汽、水逆向流动的热水采暖管道和汽、水逆向流动的蒸汽管道，坡度不应小于0.5%。

③ 散热器支管的坡度应为1%，坡向应利于排气和泄水。

（3）排水管道的坡度应符合设计要求，严禁无坡或倒坡。

（4）供热管道冲洗完毕应通水、加热，进行试运行和调试。当不具备加热条件时，应延期进行。

（5）塑料排水管道不得采用刚性管基础，严禁采用刚性桩直接支撑管道。

（6）管道穿过结构伸缩缝、抗震缝及沉降缝敷设时，应根据情况采取下列保护措施：

① 在墙体两侧采取柔性连接；

② 在管道或保温层外皮上、下部留有不小于150mm的净空；

③ 在穿墙处做成方形补偿器，水平安装。

（7）在同一房间内，同类型的采暖设备、卫生器具及管道配件，除有特殊要求外，应安装在同一高度上。

（8）明装管道成排安装时，直线部分应互相平行。曲线部分：当管道水平或垂直并行时，应与直线部分保持等距；管道水平上下并行时，弯管部分的曲率半径应一致。

（9）管道及管道支墩（座），严禁铺设在冻土和未经处理的松土上。

（10）管道穿过墙壁和楼板，应设置金属或塑料套管。安装在楼板内的套管，其顶部应高出装饰地面20mm；安装在卫生间及厨房内的套管，其顶部应高出装饰地面50mm，底部应与楼板底面相平；安装在墙壁内的套管其两端与饰面相平。穿过楼板的套管与管道之间缝隙应用阻燃密实材料和防水油膏填实，端面光滑。穿墙套管与管道之间缝隙宜用阻燃密实材料填实，且端面应光滑。管道的接口不得设在套管内。

图 3-58　柔性防水套管

3.9.2　地漏水封深度符合设计和规范要求。

【依据】

《建筑给水排水及采暖工程施工质量验收规范》（ GB 50242—2002 ）。

【解读】

地漏水封（图 3-59）高度不得小于 50mm。

图 3-59　地漏水封

3.9.3　PVC 管道的阻火圈、伸缩节等附件安装符合设计和规范要求。

【依据】

《建筑给水排水及采暖工程施工质量验收规范》（GB 50242—2002）。

【解读】

（1）敷设在高层建筑室内的排水塑料管道（图 3-60），当管径大于等于 110mm 时，应在下列位置设置阻火圈：

图 3-60　排水塑料管道

① 明敷立管穿越楼层的贯穿部位；

② 横管穿越防火分区的隔墙和防火墙的两侧；

③ 横管穿越管道井井壁或管窿围护墙体的贯穿部位外侧。

（2）排水塑料管应按设计要求及位置装设伸缩节。如设计无要求时，伸缩节间距不得大于 4m。

3.9.4 管道穿越楼板、墙体时的处理符合设计和规范要求。

【依据】

《建筑给水排水及采暖工程施工质量验收规范》(GB 50242—2002)。

【解读】

(1)管道(图3-61)穿过墙壁和楼板,应设置金属或塑料套管。

(a)塑料管道

(b)金属管道

图3-61 管道

(2)安装在楼板内的套管,其顶部高出装饰地面20mm;安装在卫生间及厨房内的套管,其顶部应高出装饰地面50mm,底部应与楼板底面相平;安装在墙壁内的套管其两端与饰面相平。

(3)穿过楼板的套管与管道之间缝隙应用阻燃密实材料和防水油膏填实,端面光滑。

(4)穿墙套管与管道之间缝隙应用阻燃密实材料填实,且端面应光滑。

(5)管道的接口不得设在套管内。

3.9.5 室内、外消火栓安装符合设计和规范要求。

【依据】

《建筑给水排水及采暖工程施工质量验收规范》(GB 50242—2002)。

【解读】

(1)室内消火栓系统安装完成后应取屋顶层(或水箱间内)试验消火栓和首层取两处消火栓做试射试验,达到设计要求为合格。

(2)安装消火栓水龙带,水龙带与水枪和快速接头绑扎好后,应根据箱内构造将水龙带挂放在箱内的挂钉、托盘或支架上。

(3)箱式消火栓(图3-62)的安装应符合下列规定:

① 栓口应朝外,并不应安装在门轴侧;

② 栓口中心距地面为1.1m,允许偏差±20mm;

③ 阀门中心距箱侧面为140mm，距箱后内表面为100mm，允许偏差为±5mm；

④ 消火栓箱体安装的垂直度允许偏差为3mm。

（4）室外消火栓（图3-63）的安装。

图3-62　箱式消火栓　　　　　　　　图3-63　室外消火栓

① 室外消火栓的位置标志应明显，栓口的位置应方便操作。室外消火栓当采用墙壁式时，如设计未要求，进、出水栓口的中心安装高度距地面为1.10m，其上方应设有防坠落物打击的措施。

② 室外消火栓的各项安装尺寸应符合设计要求，栓口安装高度允许偏差为±20mm。

（5）地下式消防水泵接合器顶部进水口或地下式消火栓的顶部出水口与消防井盖底面的距离不得大于400mm，井内应有足够的操作空间，并设爬梯。寒冷地区井内应做防冻保护。

3.9.6　水泵安装牢固，平整度、垂直度等符合设计和规范要求。

【依据】

《建筑给水排水及采暖工程施工质量验收规范》（GB 50242—2002）。

【解读】

（1）水泵（图3-64）就位前的基础混凝土强度、坐标、标高、尺寸和螺栓孔位置必须符合设计规定。检验方法：对照图纸用仪器和尺量检查。

图3-64　水泵

（2）室内给水设备安装的允许偏差应符合表3-6规定。

表3-6　室内给水设备安装的允许偏差和检验方法

项次	项目		允许偏差/mm	检验方法
1	静置设备	坐标	15	经纬仪或拉线、尺量
		标高	±5	用水准仪、拉线和尺量检查
		垂直度（每米）	5	吊线和尺量检查
2	离心式水泵	立式泵体垂直度（每米）	0.1	水平尺和塞尺检查
		卧式泵体水平度（每米）	0.1	水平尺和塞尺检查
		联轴器同心度　轴向倾斜（每米）	0.8	在联轴器互相垂直的四个位置上用水准仪、百分表或测微螺钉和塞尺检查
		径向位移	0.1	

3.9.7　仪表安装符合设计和规范要求。阀门安装应方便操作。

【依据】

《建筑节能工程施工质量验收标准》（GB 50411—2019）、《建筑给水排水及采暖工程施工质量验收规范》（GB 50242—2002）。

【解读】

（1）给水管道配件水表安装：水表应安装在便于检修、不受曝晒、污染和冻结的地方。安装螺翼式水表，表前与阀门应有不小于8倍水表接口直径的直线管段。表外壳距墙表面净距为10～30mm；水表进水口中心标高按设计要求，允许偏差为±10mm。

（2）给水管道和阀门安装的允许偏差应符合表3-7的规定。

表3-7　给水管道和阀门安装的允许偏差

项次	项目			允许偏差/mm	检验方法
1	水平管道纵横方向弯曲	钢管	每米	1	用水平尺、直尺、拉线和尺量检查
			全长25m以上	≤25	
		塑料管、复合管	每米	1.5	
			全长25m以上	≤25	
		铸铁管	每米	2	
			全长25m以上	≤25	
2	立管垂直度	钢管	每米	3	吊线和尺量检查
			5m以上	≤8	
		塑料管、复合管	每米	2	
			5m以上	≤8	
		铸铁管	每米	3	
			5m以上	≤10	
3	成排管段和成排阀门	在同一平面上间距		3	尺量检查

（3）建筑物水表的设置位置应符合下列规定：

① 建筑物的引入管、住宅的入户管；

② 公用建筑物内按用途和管理要求需计量水量的水管；

③ 根据水平衡测试的要求进行分级计量的管段；

④ 根据分区计量管理需计量的管段。

（4）住宅的分户水表宜相对集中读数，且宜设置于户外；对设在户内的水表，宜采用远传水表或IC卡水表等智能化水表。

（5）水表应装设在观察方便、不冻结、不被任何液体及杂质所淹没和不易受损处。

（6）室内供暖系统（图3-65）。

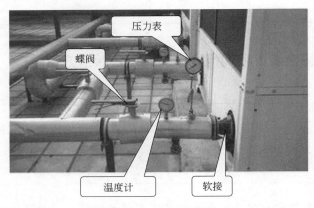

图3-65　室内供暖系统

① 散热设备、阀门、过滤器、温度、流量、压力等测量仪表应按设计要求安装齐全，不得随意增减或更换。

② 水力平衡装置、热计量装置、室内温度调控装置的安装位置和方向应符合设计要求，并便于数据读取、操作、调试和维护。

3.9.8　生活水箱安装符合设计和规范要求。

【依据】

《建筑给水排水及采暖工程施工质量验收规范》（GB 50242—2002）、《建筑给水排水设计标准》（GB 50015—2019）。

【解读】

（1）敞口水箱的满水试验和密闭水箱（罐）的水压试验应符合设计与规范的规定。

（2）水箱支架或底座安装，其尺寸及位置应符合设计规定，埋设平整、牢固。

（3）水箱溢流管和泄放管应设置在排水地点附近但不得与排水管直接连接。

【如何做】

（1）供单体建筑的生活饮用水箱（图3-66）与消防用水的水箱应分开设置。

图3-66 生活饮用水箱

（2）建筑物内的生活饮用水水箱体，应采用独立结构形式，不得利用建筑物的本体结构作为水箱的壁板、底板及顶盖。

（3）生活饮用水水箱与消防用水水箱并列设置时，应有各自独立的箱壁。

（4）建筑物内的生活饮用水水箱及生活给水设施，不应设置于与厕所、垃圾间、污（废）水泵房、污（废）水处理机房及其他污染源毗邻的房间内；其上层不应有上述用房及浴室、盥洗室、厨房、洗衣房和其他产生污染源的房间。

（5）埋地式生活饮用水贮水池周围10m内，不得有化粪池、污水处理构筑物、渗水井、垃圾堆放点等污染源。生活饮用水水箱周围2m内不得有污水管和污染物。

（6）水箱外壁与建筑本体结构墙面或其他池壁之间的净距，应满足施工或装配的要求，无管道的侧面净距不宜小于0.7m；安装有管道的侧面，净距不宜小于1.0m，且管道外壁与建筑本体墙面之间的通道宽度不宜小于0.6m；设有人孔的池顶，顶板面与上面建筑本体板底的净空不应小于0.8m；水箱底与房间地面板的净距，当有管道敷设时不宜小于0.8m。

3.9.9 气压给水或稳压系统应设置安全阀。

【依据】

《建筑给水排水及采暖工程施工质量验收规范》（GB 50242—2002）。

【解读】

（1）蒸汽减压阀和管道及设备上安全阀（图3-67）的型号、规格、公称压力及安装位置应符合设计要求。安装完毕后应根据系统工作压力进行调试，并做出标志。

图 3-67　安全阀

（2）锅炉和省煤器安全阀的定压和调整应符合规范的规定。锅炉上装有两个安全阀时，其中的一个按表中较高值定压，另一个按较低值定压，装有一个安全阀时，应按较低值定压。

3.10　通风与空调工程

3.10.1　风管加工的强度和严密性符合设计和规范要求。

【依据】

《通风与空调工程施工质量验收规范》（GB 50243—2016）。

【解读】

　　风管制作在批量加工前，应对加工工艺进行验证，并应进行强度与严密性试验。

　　风管制作所用的板材、型材以及其他主要材料进场时应进行验收，质量应符合设计要求及国家现行标准的有关规定，并应提供出厂检验合格证明。工程中所选用的成品风管，应提供产品合格证书或进行强度和严密性的现场复验。

【如何做】

　　（1）风管（图3-68）加工质量应通过工艺性的检测或验证，强度和严密性要求应符合下列规定。

图 3-68　风管

① 风管在试验压力保持 5min 及以上时，接缝处应无开裂，整体结构应无永久性的变形及损伤。试验压力应符合下列规定：

a. 低压风管应为 1.5 倍的工作压力；

b. 中压风管应为 1.2 倍的工作压力，且不低于 750Pa；

c. 高压风管应为 1.2 倍的工作压力。

② 矩形金属风管的严密性检验，在工作压力下的风管允许漏风量应符合表 3-8 的规定。

表 3-8　风管允许漏风量

风管类别	允许漏风量/[m³/(h·m²)]
低压风管	$Q_1 \leq 0.1056\,P^{0.65}$
中压风管	$Q_m \leq 0.0352\,P^{0.65}$
高压风管	$Q_h \leq 0.0117\,P^{0.65}$

注：Q_1 为低压风管允许漏风量，Q_m 为中压风管允许漏风量，Q_h 为高压风管允许漏风量，P 为系统风管工作压力（Pa）。

③ 低压、中压圆形金属与复合材料风管，以及采用非法兰形式的非金属风管的允许漏风量，应为矩形金属风管规定值的 50%。

④ 砖、混凝土风道的允许漏风量不应大于矩形金属低压风管规定值的 1.5 倍。

⑤ 排烟、除尘、低温送风及变风量空调系统风管的严密性应符合中压风管的规定，N1～N5 级净化空调系统风管的严密性应符合高压风管的规定。

⑥ 风管系统工作压力绝对值不大于 125Pa 的微压风管，在外观和制造工艺检验合格的基础上，不应进行漏风量的验证测试。

⑦ 输送剧毒类化学气体及病毒的实验室通风与空调风管的严密性能应符合设计要求。

⑧ 风管或系统风管强度与漏风量测试应符合（2）～（4）的规定。

（2）风管强度应满足微压和低压风管在 1.5 倍的工作压力，中压风管在 1.2 倍的工作压力且不低于 750Pa，高压风管在 1.2 倍的工作压力下，保持 5min 及以上，接缝处无开裂，整体结构无永久性的变形及损伤为合格。

（3）风管的严密性测试应分为观感质量检验与漏风量检测。观感质量检验可应用于微压风管，也可作为其他压力风管工艺质量的检验，结构严密与无明显穿透的缝隙和孔洞应为合格。漏风量检测应为在规定工作压力下，对风管系统漏风量的测定和验证，漏风量不大于规定值应为合格。系统风管漏风量的检测，应以总管和干管为主，宜采用分段检测、汇总综合分析的方法。检验样本风管宜为 3 节及以上组成，且总表面积不应少于 15m²。

（4）净化空调系统风管漏风量测试时，高压风管和空气洁净度等级为 1～5 级的系统应按高压风管进行检测，工作压力不大于 1500Pa 的 6～9 级的系统应按中压风管进行检测。

3.10.2　防火风管和排烟风管使用的材料应为不燃材料。

【依据】

《通风与空调工程施工质量验收规范》（GB 50243—2016）。

【如何做】

防火风管（图 3-69）的本体、框架与固定材料、密封垫料等必须采用不燃材料，防火风管的耐火极限时间应符合系统防火设计的规定。

图 3-69　防火风管

3.10.3　风机盘管和管道的绝热材料进场时，应取样复试合格。

【依据】

《建筑节能工程施工质量验收标准》（GB 50411—2019）。

【如何做】

风机盘管机组（图 3-70）和绝热材料进场时，应对其下列技术性能参数进行复验，复验应为见证取样检验。

（1）风机盘管机组的供冷量、供热量、风量、水阻力、功率和噪声。

（2）绝热材料的导热系数、密度、吸水率。

检验方法：核查复验报告。

检查数量：按结构形式抽检，同厂家的风机盘管机组数量在 500 台及以下时，抽检 2 台；每增加 1000 台时应增加抽检 1 台。同工程项目、同施工单位且同期施工的多个单位工程可合并计算。当符合本标准第 3.2.3 条规定时，检验批容量可以扩大一倍。

同厂家、同材质的绝热材料，复验次数不得少于 2 次。

图 3-70　风机盘管机组

3.10.4　风管系统的支架、吊架、抗震支架的安装符合设计和规范要求。

【依据】

《通风与空调工程施工质量验收规范》（GB 50243—2016）。

【如何做】

风管系统（图 3-71）支、吊架的安装应符合下列规定。

（1）预埋件位置应正确、牢固可靠，埋入部分应去除油污，且不得涂漆。

（2）风管系统支、吊架的形式和规格应按工程实际情况选用。

（3）风管直径大于 2000mm 或边长大于 2500mm 风管的支、吊架的安装要求，应按设计要求执行。

图 3-71　风管系统

3.10.5 风管穿过墙体或楼板时，应按要求设置套管并封堵密实。

【依据】

《通风与空调工程施工质量验收规范》（GB 50243—2016）。

【如何做】

当风管（图 3-72）穿过需要封闭的防火、防爆的墙体或楼板时，应设置厚度不小于 1.6mm 的钢制防护套管；风管与防护套管之间应采用不燃柔性材料封堵严密。

图 3-72　风管

3.10.6 水泵、冷却塔的技术参数和产品性能符合设计和规范要求。

【依据】

《通风与空调工程施工质量验收规范》（GB 50243—2016）。

【解读】

水泵、冷却塔的技术参数和产品性能应符合设计要求，管道与水泵的连接应采用柔性接管，且应为无应力状态，不得有强行扭曲、强制拉伸等现象。

3.10.7 空调水管道系统应进行强度和严密性试验。

【依据】

《通风与空调工程施工质量验收规范》（GB 50243—2016）、《通风与空调工程施工规范》（GB 50738—2011）。

【解读】

（1）水系统管道水压试验可分为强度试验和严密性试验，包括分区域、分段的水压试验和整个管道系统水压试验。试验压力应满足设计要求，当设计无要求时，应符合下列规定。

①　设计工作压力小于或等于 1.0MPa 时，金属管道及金属复合管道的强度试验压力应为设计工作压力的 1.5 倍，但不应小于 0.6MPa；设计工作压力大于 1.0MPa 时，强度试验压力应为设计工作压力加上 0.5MPa。严密性试验压力应为设计工作压力。

②　塑料管道的强度试验压力应为设计工作压力的 1.5 倍；严密性试验压力应为设计工作压力的 1.15 倍。

（2）分区域分段水压试验应符合下列规定。

①　检查各类阀门的开、关状态。试压管路的阀门应全部打开，试验段与非试验段连接处的阀门应隔断。

②　打开试验管道的给水阀门向区域系统中注水，同时开启区域系统上各高点处的排气阀，排尽试压区域管道内的空气。待水注满后，关闭排气阀和进水阀。

③　打开连接加压泵的阀门，用电动或手压泵向系统加压，宜分 2～3 次升至试验压力。在此过程中，每加至一定压力数值时，应对系统进行全面检查，无异常现象时再继续加压。先缓慢升压至设计工作压力，停泵检查。观察各部位无渗漏，压力不降后，再升压至试验压力，停泵稳压，进行全面检查。10min 内管道压力不下降且无渗漏、变形等异常现象，则强度试验合格。

④　应将试验压力降至严密性试验压力进行试验，在试验压力下对管道进行全面检查，60min 内区域管道系统无渗漏，严密性试验为合格。

（3）系统管路水压试验应符合下列规定。

①　在各分区、分段管道与系统主、干管全部连通后，应对整个系统的管道进行水压试验。最低点的压力不应超过管道与管件的承受压力。

②　试验过程同分区域、分段水压试验。管道压力升至试验压力后，稳压 10min，压力下降不应大于 0.02MPa，管道系统无渗漏，强度试验合格。

③　试验压力降至严密性试验压力，外观检查无渗漏，严密性试验为合格。

【如何做】

空调水管道系统（图 3-73）安装完毕，外观检查合格后，应按设计要求进行水压试验。当设计无要求时，应符合下列规定。

（1）冷（热）水、冷却水与蓄能（冷、热）系统的试验压力，当工作压力小于或等于 1.0MPa 时，应为 1.5 倍工作压力，最低不应小于 0.6MPa；当工作压力大于 1.0MPa 时，应为工作压力加 0.5MPa。

（2）系统最低点压力升至试验压力后，应稳压 10min，压力下降不应大于 0.02MPa，然后应将系统压力降至工作压力，外观检查无渗漏为合格。对于大型、高层建筑等垂直位差较大的冷（热）水、冷却水管道系统，当采用分区、分层试压时，在该部位的试验压力下，应稳压 10min，压力不得下降，再将系统压力降至该部位的工作压力，外观检查无渗漏为合格。

（3）各类耐压塑料管的强度试验压力（冷水）应为 1.5 倍工作压力，且不应小于 0.9MPa；严密性试验压力应为 1.15 倍的设计工作压力。

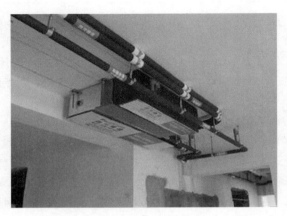

图 3-73　空调水管道系统

3.10.8　空调制冷系统、空调水系统与空调风系统的联合试运转及调试符合设计和规范要求。

【依据】

《通风与空调工程施工质量验收规范》（GB 50243—2016）。

【解读】

系统非设计满负荷条件下的联合试运转及调试应符合下列规定。

（1）系统总风量调试结果与设计风量的允许偏差应为-5%～+10%，建筑内各区域的压差应符合设计要求。

（2）变风量空调系统联合调试应符合下列规定：

① 系统空气处理机组应在设计参数范围内对风机实现变频调速。

② 空气处理机组在设计机外余压条件下，系统总风量应满足（1）的要求，新风量的允许偏差应为 0～+10%。

③ 变风量末端装置的最大风量调试结果与设计风量的允许偏差应为 0～+15%。

④ 改变各空调区域运行工况或室内温度设定参数时，该区域变风量末端装置的风阀（风机）动作（运行）应正确。

⑤ 改变室内温度设定参数或关闭部分房间空调末端装置时，空气处理机组应自动正确地改变风量。

⑥ 应正确显示系统的状态参数。

（3）空调冷（热）水系统、冷却水系统的总流量与设计流量的偏差不应大于 10%。

（4）地源（水源）热泵换热器的水温与流量应符合设计要求。

（5）舒适空调与恒温、恒湿空调室内的空气温度、相对湿度及波动范围应符合或优于设计要求。

【如何做】

　　空调制冷系统、空调水系统与空调风系统的非设计满负荷条件下的联合试运转及调试，正常运转不应少于 8h，除尘系统不应少于 2h。

3.10.9 防排烟系统联合试运行与调试后的结果符合设计和规范要求。

【依据】

　　《火灾自动报警系统施工及验收标准》（GB 50166—2019）。

【如何做】

　　防排烟系统（图 3-74）联合试运行与调试后的结果，应符合设计要求及国家现行标准的有关规定。

图 3-74　防排烟系统

　　（1）应对电动送风口、电动挡烟垂壁、排烟口、排烟阀、排烟窗、电动防火阀的动作功能、动作信号反馈功能进行检查并记录，设备的动作功能、动作信号反馈功能应符合下列规定。

　　① 手动操作消防联动控制器总线控制单元电动送风口、电动挡烟垂壁、排烟口、排烟阀、排烟窗、电动防火阀的控制按钮、按键，对应的受控设备应灵活启动。

　　② 消防联动控制器应接收并显示受控设备的动作反馈信号，显示动作设备的名称和地址注释信息，且控制器显示的地址注释信息应符合《火灾自动报警系统施工及验收标准》（GB 50166—2019）第 4.2.2 条的规定。

　　（2）应对排烟风机入口处的总管上设置的 280℃排烟防火阀的动作信号反馈功能进行检查并记录，排烟防火阀的动作信号反馈功能应符合下列规定：

　　① 排烟风机处于运行状态时，使排烟防火阀关闭，风机应停止运转；

　　② 消防联动控制器应接收排烟防火阀关闭、风机停止的动作反馈信号，显示动作设备的名称和地址注释信息，且控制器显示的地址注释信息应符合本标准第 4.2.2 条的规定。

　　（3）应根据系统联动控制逻辑设计文件的规定，对加压送风系统的联动控制功能进行检查并记录，加压送风系统的联动控制功能应符合下列规定：

　　① 应使报警区域内符合联动控制触发条件的两只火灾探测器，或一只火灾探测器和一

只手动火灾报警按钮发出火灾报警信号；

② 消防联动控制器应按设计文件的规定发出控制电动送风口开启、加压送风机启动的启动信号，点亮启动指示灯；

③ 相应的电动送风口应开启，风机控制箱、柜应控制加压送风机启动；

④ 消防联动控制器应接收并显示电动送风口、加压送风机的动作反馈信号，显示设备的名称和地址注释信息，且控制器显示的地址注释信息应符合本标准第4.2.2条的规定；

⑤ 消防控制器图形显示装置应显示火灾报警控制器的火灾报警信号、消防联动控制器的启动信号、受控设备的动作反馈信号，且显示的信息应与控制器的显示一致。

（4）应根据系统联动控制逻辑设计文件的规定，在消防控制室对加压送风机的直接手动控制功能进行检查并记录，加压送风机的直接手动控制功能应符合下列规定：

① 手动操作消防联动控制器直接手动控制单元的加压送风机开启控制按钮、按键，对应的风机控制箱、柜应控制加压送风机启动；

② 手动操作消防联动控制器直接手动控制单元的加压送风机停止控制按钮、按键，对应的风机控制箱、柜应控制加压送风机停止运转；

③ 消防控制室图形显示装置应显示消防联动控制器的直接手动启动、停止控制信号。

（5）应根据系统联动控制逻辑设计文件的规定，对电动挡烟垂壁、排烟系统的联动控制功能进行检查并记录，电动挡烟垂壁、排烟系统的联动控制功能应符合下列规定：

① 应使防烟分区内符合联动控制触发条件的两只感烟火灾探测器发出火灾报警信号；

② 消防联动控制器应按设计文件的规定发出控制电动挡烟垂壁下降，控制排烟口、排烟阀、排烟窗开启，控制空气调节系统的电动防火阀关闭的启动信号，点亮启动指示灯；

③ 电动挡烟垂壁、排烟口、排烟阀、排烟窗、空气调节系统的电动防火阀应动作；

④ 消防联动控制器应接收并显示电动挡烟垂壁、排烟口、排烟阀、排烟窗、空气调节系统电动防火阀的动作反馈信号，显示设备的名称和地址注释信息，且控制器显示的地址注释信息应符合《火灾自动报警系统施工及验收标准》（GB 50166—2019）第4.2.2条的规定；

⑤ 消防联动控制器接收到排烟口、排烟阀的动作反馈信号后，应发出控制排烟风机启动的启动信号；

⑥ 风机控制箱、柜应控制排烟风机启动；

⑦ 消防联动控制器应接收并显示排烟分机启动的动作反馈信号，显示设备的名称和地址注释信息，且控制器显示的地址注释信息应符合《火灾自动报警系统施工及验收标准》（GB 50166—2019）第4.2.2条的规定；

⑧ 消防控制器图形显示装置应显示火灾报警控制器的火灾报警信号、消防联动控制器的启动信号、受控设备的动作反馈信号，且显示的信息应与控制器的显示一致。

（6）应根据系统联动控制逻辑设计文件的规定，在消防控制室对排烟风机的直接手动控制功能进行检查并记录，排烟风机的直接手动控制功能应符合下列规定：

① 手动操作消防联动控制器直接手动控制单元的排烟风机开启控制按钮、按键，对应的风机控制箱、柜应控制排烟风机启动；

② 手动操作消防联动控制器直接手动控制单元的排烟风机停止控制按钮、按键，对应的风机控制箱、柜应控制排烟风机停止运转；

③ 消防控制室图形显示装置应显示消防联动控制器的直接手动启动、停止控制信号。

3.11　建筑电气工程

3.11.1　除临时接地装置外，接地装置应采用热镀锌钢材。

【依据】

《电气装置安装工程接地装置施工及验收规范》（GB 50169—2016）。

【如何做】

（1）除临时接地装置外，接地装置采用钢材时均应热镀锌，水平敷设的应采用热镀锌的圆钢和扁钢，垂直敷设的应采用热镀锌的角钢、钢管或圆钢。

（2）特殊要求接地装置可按设计采用扁铜带、铜绞线、铜棒、铜覆钢（圆线、绞线）、锌覆钢等材料。

（3）不应采用铝导体作为接地极或接地线。

（4）等电位联结应连接可靠。

（5）热镀锌钢材焊接时，在焊痕外最小100mm范围内应采取可靠的防腐处理。在做防腐处理前，表面应除锈并去掉焊接处残留的焊药。

3.11.2　接地（PE）或接零（PEN）支线应单独与接地（PE）或接零（PEN）干线相连接。

【依据】

《电气装置安装工程接地装置施工及验收规范》（GB 50169—2016）。

【解读】

接地（PE）或接零（PEN）支线（图3-75）应单独与接地（PE）或接零（PEN）干线相连接，不得串联连接。

与接地干线单独连接

图3-75　接地或接零支线

【如何做】

（1）变电室或变压器室内高压电气装置外露导电部分，应通过环形接地母线或总等电位端子箱接地。

（2）低压电气装置外露导电部分，应通过电源的PE线接至装置内设的PE排接地。

（3）电气装置应设专用接地螺栓，防松装置应齐全，且有标识，接地线不得采用串接方式。

（4）交流供电和36V以上直流供电的消防用电设备的金属外壳应有接地保护，其接地线应与电气保护接地干线（PE）相连接。

3.11.3 接闪器与防雷引下线、防雷引下线与接地装置应可靠连接。

【依据】

《建筑物防雷工程施工与质量验收规范》（GB 50601—2010）、《建筑电气工程施工质量验收规范》（GB 50303—2015）。

【如何做】

（1）除设计要求外，兼做引下线的承力钢结构构件、混凝土梁、柱内钢筋与钢筋的连接，应采用土建施工的绑扎法或螺钉扣的机械连接，严禁热加工连接。

（2）建筑物外的引下线敷设（图3-76）在人员可停留或经过的区域时，应采用下列一种或多种方法，防止接触电压和旁侧闪络电压对人员造成伤害。

图3-76 引下线敷设

① 外露引下线在高2.7m以下部分应穿不小于3mm厚的交联聚乙烯管，交联聚乙烯管应能耐受100kV冲击电压（1.2/50μs波形）。

② 应设立阻止人员进入的护栏或警示牌。护栏与引下线水平距离不应小于3m。

（3）建筑物顶部和外墙上的接闪器必须与建筑物栏杆、旗杆、吊车梁、管道、设备、太阳能热水器、门窗、幕墙支架等外露的金属物进行电气连接。

接闪器与防雷引下线必须采用焊接或卡接器连接，防雷引下线与接地装置必须采用焊接或螺栓连接。

3.11.4　电动机等外露可导电部分应与保护导体可靠连接。

【依据】

《建筑电气工程施工质量验收规范》（GB 50303—2015）。

【解读】

电动机、电加热器及电动执行机构的外露可导电部分应与保护导体可靠连接。

3.11.5　母线槽与分支母线槽应与保护导体可靠连接。

【依据】

《建筑电气工程施工质量验收规范》（GB 50303—2015）。

【如何做】

每段母线槽的金属外壳间应连接可靠，且母线槽全长与保护导体可靠连接不应少于2处；分支母线槽的金属外壳末端应与保护导体可靠连接。

3.11.6　金属梯架、托盘或槽盒本体之间的连接符合设计要求。

【依据】

《建筑电气工程施工质量验收规范》（GB 50303—2015）。

【如何做】

（1）梯架、托盘和槽盒全长不大于30m时，不应少于2处与保护导体可靠连接；全长大于30m时，每隔20～30m应增加一个连接点，起始端和终点端均应可靠接地。

（2）非镀锌梯架、托盘或槽盒本体之间连接板的两端应跨接保护连接导体，保护连接导体截面积符合设计要求。

（3）镀锌梯架、托盘和槽盒本体之间不跨接保护连接导体时，连接板每端不应少于2个有防松螺母或防松垫圈的连接固定螺栓。

3.11.7　交流单芯电缆或分相后的每相电缆不得单根独穿于钢导管内，固定用的夹具和支架不应形成闭合磁路。

【依据】

《建筑电气工程施工质量验收规范》（GB 50303—2015）、《电气装置安装工程电缆线路施工及验收标准》（GB 50168—2018）、《建筑节能工程施工质量验收标准》（GB 50411—2019）。

【如何做】

（1）交流单芯电缆或分相后的每相电缆宜品字形（三叶形）敷设，且不得形成闭合铁磁回路。

（2）交流系统的单芯电缆或三芯电缆分相后，固定夹具不得构成闭合磁路，宜采用非铁磁性材料。

3.11.8 灯具的安装符合设计要求。

【依据】

《建筑电气照明装置施工与验收规范》（GB 50617—2010）、《建筑电气工程施工质量验收规范》（GB 50303—2015）。

【如何做】

（1）普通灯具安装。

① 质量大于3kg的悬吊灯具（图3-77），应固定在螺栓或预埋吊钩上，质量大于10kg的灯具，其固定装置应按5倍灯具重量的恒定均布载荷全数做强度试验，历时15min，固定装置的部件应无明显变形。

② 灯具固定应牢固可靠，在砌体和混凝土结构上严禁使用木楔、尼龙塞或塑料塞安装固定电气照明装置。

③ 普通灯具的Ⅰ类灯具外露可导电部分应采用铜芯软导线与保护导体可靠连接，连接处应设置接地标识，铜芯软导线的截面积应与进入灯具的电源线截面积相同。

④ Ⅰ类灯具的不带电的外露可导电部分应与保护接地线（PE）可靠连接，且应有标识。

（2）专用灯具（包括景观照明灯具）安装。

① 应急灯具按防火分区设置，回路穿越不同防火分区时采取防火隔堵措施。

② 疏散指示标志灯具设置不应影响正常通行，且不应在其周围设置容易混同疏散标志灯的其他标志牌。

③ 在人行道等人员来往密集场所安装的落地式（景观照明）灯具，无围栏防护时，灯具底部距地面高度应大于2.5m。

④ 灯具及其金属构架和金属保护管与保护接地线（PE）应连接可靠，且有标识。

图3-77 悬吊灯

3.12 智能建筑工程

3.12.1 紧急广播系统应按规定检查防火保护措施。

【依据】

《火灾自动报警系统设计规范》（GB 50116—2013）、《建筑消防设施检测技术规程》（XF 503—2004）。

【解读】

（1）《火灾自动报警系统设计规范》（GB 50116—2013）：

① 火灾声警报器单次发出火灾警报时间宜为 8～20s，同时设有消防应急广播时，火灾声警报应与消防应急广播交替循环播放。

② 集中报警系统和控制中心报警系统应设置消防应急广播。

③ 消防应急广播系统（图3-78）的联动控制信号应由消防联动控制器发出。当确认火灾后，应同时向全楼进行广播。

④ 消防应急广播的单次语音播放时间宜为10～30s，应与火灾声警报器分时交替工作，可采取1次火灾声警报器播放、1次或2次消防应急广播播放的交替工作方式循环播放。

⑤ 在消防控制室应能手动或按预设控制逻辑联动控制选择广播分区、启动或停止应急广播系统，并应能监听消防应急广播。在通过传声器进行应急广播时，应自动对广播内容进行录音。

⑥ 消防控制室内应能显示消防应急广播的广播分区的工作状态。

⑦ 消防应急广播与普通广播或背景音乐广播合用时，应具有强制切入消防应急广播的功能。

（2）《建筑消防设施检测技术规程》（XF 503—2004）：

① 扩音机的仪表、指示灯显示正常，开关和控制按钮动作灵活，监听功能正常。

② 扬声器的外观完好，音质清晰。

③ 系统功能：应能用话筒播音。应在火灾报警后，按设定的控制程序自动启动火灾应急广播。火灾应急广播与公共广播合用时，应符合GB 50116—2013的规定。播音区域应正确、音质应清晰。环境噪声大于60dB的场所，火灾应急广播应高于背景噪声15dB。

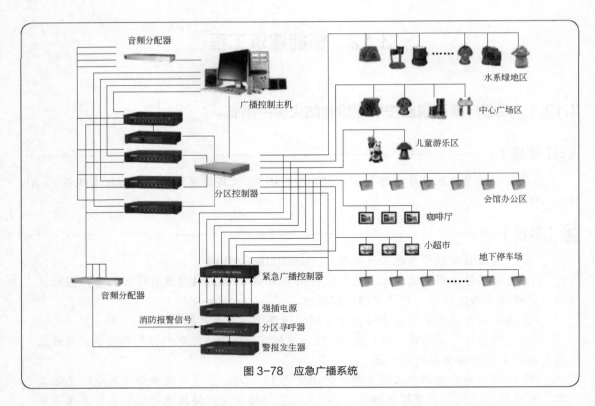

图 3-78　应急广播系统

3.12.2　火灾自动报警系统的主要设备应是通过国家认证（认可）的产品。

【依据】

《火灾自动报警系统施工及验收标准》（GB 50166—2019）、《智能建筑工程施工规范》（GB 50606—2010）。

【解读】

（1）火灾自动报警系统（图 3-79）材料、设备及配件进入施工现场应具有清单、使用说明书、质量合格证明文件、国家法定质检机构的检验报告等文件，火灾自动报警系统中的强制认证产品还应有认证证书和认证标识。

（2）火灾自动报警系统中，国家强制认证产品的名称、型号、规格应与认证证书和检验报告一致。

（3）火灾自动报警系统中，非国家强制认证的产品名称、型号、规格应与检验报告一致，检验报告中未包括的配接产品接入系统时，应提供系统组件兼容性检验报告。

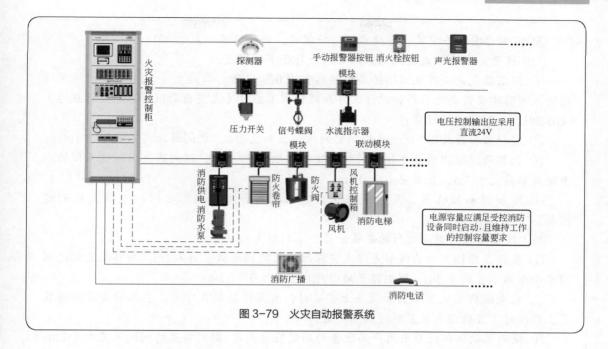

图 3-79　火灾自动报警系统

3.12.3　火灾探测器不得被其他物体遮挡或掩盖。

【依据】

《火灾自动报警系统设计规范》（GB 50116—2013）。

【解读】

（1）点型感烟火灾探测器、点型感温火灾探测器、一氧化碳火灾探测器、点型家用火灾探测器、独立式火灾探测报警器的安装，应符合下列规定：

① 探测器至墙壁、梁边的水平距离不应小于 0.5m；

② 探测器（图 3-80）周围水平距离 0.5m 内不应有遮挡物；

③ 探测器至空调送风口最近边的水平距离不应小于 1.5m，至多孔送风顶棚孔口的水平距离不应小于 0.5m；

图 3-80　火灾自动探测器

④ 在宽度小于 3m 的内走道顶棚上安装探测器时，宜居中安装，点型感温火灾探测器的安装间距不应超过 10m，点型感烟火灾探测器的安装间距不应超过 15m，探测器至端墙的距离不应大于安装间距的一半；

⑤ 探测器宜水平安装，当确需倾斜安装时，倾斜角不应大于45°。

（2）线型光束感烟火灾探测器的安装应符合下列规定：

① 探测器光束轴线至顶棚的垂直距离宜为0.3～1.0m，高度大于12m的空间场所增设的探测器的安装高度应符合设计文件和现行国家标准《火灾自动报警系统设计规范》（GB 50116—2013）的规定；

② 发射器和接收器（反射式探测器的探测器和反射板）之间的距离不宜超过100m；

③ 相邻两组探测器光束轴线的水平距离不应大于14m，探测器光束轴线至侧墙水平距离不应大于7m，且不应小于0.5m；

④ 发射器和接收器（反射式探测器的探测器和反射板）之间的光路上应无遮挡物。

（3）线型感温火灾探测器的安装应符合下列规定：

① 敷设在顶棚下方的线型差温火灾探测器至顶棚距离宜为0.1m，相邻探测器之间的水平距离不宜大于5m，探测器至墙壁距离宜为1.0～1.5m；

② 在电缆桥架、变压器等设备上安装时，宜采用接触式布置，在各种皮带输送装置上敷设时，宜敷设在装置的过热点附近；

③ 探测器敏感部件应采用产品配套的固定装置固定，固定装置的间距不宜大于2m；

④ 缆式线型感温火灾探测器的敏感部件应采用连续无接头方式安装，如确需中间接线，应采用专用接线盒连接，敏感部件安装敷设时应避免重力挤压冲击，不应硬性折弯、扭转，探测器的弯曲半径宜大于0.2m；

⑤ 分布式线型光纤感温火灾探测器的感温光纤不应打结，光纤弯曲时，弯曲半径应大于50mm，每个光通道配接的感温光纤的始端及末端应各设置不小于8m的余量段，感温光纤穿越相邻的报警区域时，两侧应分别设置不小于8m的余量段；

⑥ 光栅光纤线型感温火灾探测器的信号处理单元安装位置不应受强光直射，光纤光栅感温段的弯曲半径应大于0.3m。

（4）管路采样式吸气感烟火灾探测器的安装应符合下列规定：

① 高灵敏度吸气式感烟火灾探测器当设置为高灵敏度时，可安装在天棚高度大于16m的场所，并应保证至少有两个采样孔低于16m；

② 非高灵敏的吸气式感烟火灾探测器不宜安装在天棚高度大于16m的场所；

③ 在大空间场所安装时，每个采样孔的保护面积、保护半径应满足点型感烟火灾探测器的保护面积、保护半径的要求，当采样管道布置形式为垂直采样时，每2℃温差间隔或3m间隔（取最小者）应设置一个采样孔，采样孔不应背对气流方向；

④ 当采样管道采用毛细管布置方式时，毛细管长度不宜超过4m。

（5）点型火焰探测器和图像型火灾探测器的安装应符合下列规定：

① 安装位置应保证其视场角覆盖探测区域，并应避免光源直接照射在探测器的探测窗口；

② 探测器的探测视角内不应存在遮挡物。

（6）可燃气体探测器的安装应符合下列规定：

① 在探测器周围应适当留出更换和标定的空间；

② 线型可燃气体探测器在安装时，应使发射器和接收器的窗口避免日光直射，且

在发射器与接收器之间不应有遮挡物，发射器和接收器的距离不宜大于 60m，两组探测器之间的轴线距离不应大于 14m。

（7）电气火灾监控探测器的安装应符合下列规定：

① 探测器周围应适当留出更换与标定的作业空间；

② 测温式电气火灾监控探测器应采用产品配套的固定装置固定在保护对象上。

3.12.4 消防系统的线槽、导管的防火涂料应涂刷均匀。

【依据】

《建筑设计防火规范》（GB 50016—2014）（2018 年版）。

【解读】

消防配电线路明敷时（包括敷设在吊顶内），要穿金属导管或金属线槽并采取保护措施。保护措施一般可采取包覆防火材料或涂刷防火涂料。

3.12.5 当与电气工程共用线槽时，应与电气工程的导线、电缆有隔离措施。

【依据】

《民用建筑电气设计标准》（GB 51348—2019）、《建筑设计防火规范》（GB 50016—2014）（2018 年版）。

【解读】

（1）过防火分区、洞口时，其洞口应采用不燃材料进行封堵。不同电压等级、不同电流类别的线路，不应布在同一管内或线槽的同一槽孔内。

（2）消防配电线路宜与其他配电线路分开敷设在不同的电缆井、沟内；确有困难需敷设在同一电缆井、沟内时，应分别布置在电缆井、沟的两侧，且消防配电线路应采用矿物绝缘类不燃性电缆。

3.13 市政工程

3.13.1 道路路基填料强度满足规范要求。

【依据】

《城市道路路基设计规范》（CJJ 194—2013）。

【解读】

（1）填方路基应优先选用级配较好的砾类土、砂类土等粗粒土作为填料（图3-81），填料最大粒径应小于150mm。

图3-81 路基填料

（2）当采用细粒土填筑路基时，填料最小强度应符合表3-9的规定。当不能满足要求时，可采用石灰、水泥或其他稳定材料进行处治。

表3-9 填方路基填料最小强度

路床顶面以下深度/m	填料最小强度（CBR）/%		
	快速路、主干路	次干路	支路
0.5～0.8	4	3	3
>1.5	3	2	2

（3）当采用石料填筑路基时，最大粒径应小于摊铺层厚的2/3，过渡层碎石料粒径应小于150mm。易溶性岩石、膨胀性岩石、崩解性岩石、盐化岩石等均不得用于路堤填筑。

（4）当采用粉煤灰填筑路基时，应预先调查料源并进行必要的室内试验。用于快速路和主干路的粉煤灰烧失量宜小于20%、含硫量宜小于3%，超过标准的粉煤灰应做对比试验，经分析论证后方可采用。

3.13.2 道路各结构层压实度满足设计和规范要求。

【依据】

《城市道路路基设计规范》（CJJ 194—2013）。

【解读】

（1）地基表层应碾压密实。在一般土质地段，快速路和主干路基底的压实度（重型）不应小于90%；次干路和支路不应小于85%。路基填土高度小于路面和路床总厚度时，应将地基表层土进行超挖并分层回填压实，压实度不得小于表3-10中"零填及挖方路基"的规定值。

（2）土质路基压实度不应低于表3-10的规定。对以下情形，可通过试验路检验或综合论证，在保证路基强度和稳定性的前提下，适当降低路基压实度标准：

① 特殊干旱或特殊潮湿地区，路基压实度可比表3-10的规定降低1%～2%；

② 专用非机动车道、人行道，可按支路标准执行。

表3-10　路基压实度要求

填挖类型	路床顶面以下深度/cm	路基最小压实度/%			
		快速路	主干路	次干路	支路
填方路基	0～80	96	95	94	92
	80～150	94	93	92	91
	>150	93	92	91	90
零填及挖方路基	0～30	96	95	94	92
	30～80	94	93	—	—

注：表中数值均为重型击实标准。

（3）管道沟槽回填土的压实度应符合《城市道路路基设计规范》（CJJ 194—2013）第4.6.2条的规定。

（4）管道检查井周边回填土的压实度应符合《城市道路路基设计规范》（CJJ 194—2013）第4.6.2条的规定。

（5）回填路基的压实度应符合表3-11的规定。

表3-11　回填路基压实度标准

项目分类	路床顶面以下深度/m	压实度/%			
		快速路	主干路	次干路	支路
填方路基	0～0.8	96	95	94	92
	0.8～1.5	94	93	92	91
	>1.5	93	92	91	90
零填及挖方路基	0～0.3	96	95	94	92
	0.3～0.8	94	93	—	—

注：表中数值均为重型击实标准。

3.13.3　道路基层结构强度满足设计要求。

【依据】

《城市道路路面设计规范》（CJJ 169—2012）。

【解读】

（1）基层应具有足够的强度和扩散应力的能力。

（2）基层可采用刚性、半刚性或柔性材料。

（3）半刚性基层应具有足够的强度和稳定性，较小的温缩和干缩变形和较强的抗冲刷能力，在冰冻地区应具有一定的抗冻性。

（4）贫混凝土基层材料的强度要求应符合的规定见表 3-12。

表 3-12　贫混凝土基层材料的强度要求　　　　　　单位：N/mm²

试验项目	特重、重交通	中交通
7d 龄期抗压强度	9.0～15.0	7.0～12.0
28d 龄期抗压强度	12.0～20.0	9.0～16.0
28d 龄期抗弯拉强度	2.5～3.5	2.0～3.0

（5）多孔混凝土基层材料的强度要求应符合的规定见表 3-13。

表 3-13　多孔混凝土基层材料的强度要求　　　　　　单位：N/mm²

试验项目	特重	重
7d 龄期抗压强度	5.0～8.0	3.0～5.0
28d 龄期抗弯拉强度	1.5～2.5	1.0～2.0

3.13.4　道路不同种类面层结构满足设计和规范要求。

【依据】

《城市道路工程设计规范》（CJJ 37—2012）（2016 年版）。

【解读】

（1）沥青面层结构应符合下列规定：

① 双层式沥青面层结构分为表面层、下面层；

② 三层式沥青面层结构分为表面层、中面层、下面层；

③ 单层式面层应加铺封层，或者铺筑微表处作为抗滑磨耗层。

（2）当面层板的平面尺寸较大或形状不规则，路面结构下埋有地下设施，高填方、软土地基、填挖交界段的路基等有可能产生不均匀沉降时，应采用设置接缝的钢筋混凝土面层。

（3）透水人行道面层结构有效孔隙率不应小于 15%，渗透系数不应小于 0.1mm/s。

3.13.5　预应力钢筋安装时，其品种、规格、级别和数量符合设计要求。

【依据】

《混凝土结构工程施工质量验收规范》（GB 50204—2015）。

【解读】

（1）预应力筋（图3-82）安装时，其品种、规格、级别和数量必须符合设计要求。

（2）混凝土结构的预应力筋宜采用预应力钢丝、钢绞线和预应力螺纹钢筋。

梳形板

图3-82 预应力筋

3.13.6 垃圾填埋场站防渗材料类型、厚度、外观、铺设及焊接质量符合设计和规范要求。

【依据】

《生活垃圾卫生填埋场防渗系统工程技术标准》（GB/T 51403—2021）。

【解读】

（1）垃圾填埋场站防渗系统工程中使用的材料包括：高密度聚乙烯（HDPE）土工膜、土工布、膨润土防水毯GCL、土工复合排水网（图3-83）、高密度聚乙烯（HDPE）管材等。

（2）防渗材料的厚度和外观质量检验标准应符合《生活垃圾填埋场防渗土工膜渗漏破损探测技术规程》（CJJ/T 214—2016）的相关规定。

（3）防渗材料的铺设和焊接应符合以下要求。

① 高密度聚乙烯（HDPE）膜铺设时应一次展开到位，且应为材料热胀冷缩导致的尺寸变化留出伸缩量。焊接时，对热熔焊接每条焊缝应进行气压检测，对挤压焊接每条焊缝应进行真空检测，做焊缝破坏性测试。

② 土工布为织造土工布时，搭接方式为缝合搭接时的最小搭接宽度为 75mm ± 15mm；为非织造土工布时，搭接方式为缝合搭接时的最小搭接宽度为 75mm ± 15mm，搭接方式为热粘搭接时的最小搭接宽度为 200mm ± 25mm。边坡上的土工布施工，应预先将土工布锚固在锚固沟内，铺设方向应与坡面一致。

③ 纳基膨润土防水毯GCL应以品字形分布，边坡不应存在水平搭接，搭接宽度为自然搭接时的最小搭接宽度为 250mm ± 50mm。施工过程中应随时检查外观有无破损、孔洞等缺陷。

④ 土工复合排水网的排水方向应与水流方向一致，边坡上的土工复合排水网不宜存在水平接缝。

图 3-83　土工复合排水网

3.13.7　垃圾填埋场站导气石笼位置、尺寸符合设计和规范要求。

【依据】

《生活垃圾卫生填埋处理技术规范》（GB 50869—2013）。

【解读】

（1）石笼导气井直径不应小于600mm，公称外径不应小于110mm，管材开孔率不宜小于2%。

（2）导气井宜在填埋库区底部主、次盲沟交汇点取点设置，并应以设置点为基准，沿次盲沟铺设方向，采用等边三角形、正六边形、正方形等形状布置。

3.13.8　垃圾填埋场站导排层厚度、导排渠位置、导排管规格符合设计和规范要求。

【依据】

《生活垃圾卫生填埋场防渗系统工程技术标准》（GB/T 51403—2021）、《生活垃圾卫生填埋场岩土工程技术规范》（CJJ 176—2012）。

【解读】

（1）导排层（图3-84）应优先采用卵石作为排水材料，可采用碎石，石材粒径宜为20～60mm。石材碳酸钙含量不应大于5%，铺设前应洗净，铺设厚度不应小于300mm，渗透系数不应小于 1×10^{-3} m/s。

（2）地下水导流盲沟布置可参照渗沥液导排盲沟布置，可采用直线型（干管）或树枝型（干管和支管）。

（3）HDPE导排管的直径：干管不应小于250mm，支管不应小于200mm。HDPE管的开孔率应保证强度要求。

图 3-84　垃圾填埋场站导排层

3.13.9　按规定进行水池满水试验，并形成试验记录。

【依据】

《给水排水构筑物工程施工及验收规范》（GB 50141—2008）。

【解读】

（1）满水试验（图 3-85）对池底有观测沉降要求时，应选定观测点，并测量记录池体各观测点初始高程。

（2）池内注水应分三次进行，每次注水为设计水深的1/3。注水时水位上升速度不宜超过 2m/d。相邻两次注水的间隔时间不应小于24h。每次注水应读24h 的水位下降值，计算渗水量。

（3）水池渗水量计算应按池壁（不含内隔墙）和池底的浸湿面积计算。钢筋混凝土结构水池渗水量不得超过 2L/（$m^2 \cdot d$），砌体结构水池渗水量不得超过 3L/（$m^2 \cdot d$）。

图 3-85　水池满水试验

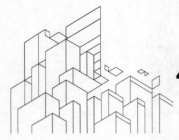

4 安全生产现场控制

4.1 基坑工程

4.1.1 基坑支护及开挖符合规范、设计及专项施工方案的要求。

【依据】

　　《建筑基坑支护技术规程》(JGJ 120—2012)、《危险性较大的分部分项工程管理规定》(住房和城乡建设部令第 37 号)、《建筑施工安全检查标准》(JGJ 59—2011)。

【解读】

　　(1)基坑支护(图 4-1)。

　　① 人工开挖的狭窄基槽,开挖深度较大并存在边坡塌方危险时,应采取支护措施。

　　② 地质条件良好、土质均匀且无地下水的自然放坡的坡率应符合规范要求。

　　③ 基坑支护结构应符合设计要求。

　　④ 基坑支护结构水平位移应在设计允许范围内。

　　(2)基坑开挖。

　　① 基坑支护结构必须在达到设计要求的强度后,方可开挖下层土方,严禁提前开挖和超挖。

　　② 基坑开挖应按设计和施工方案的要求,分层、分段、均衡开挖。

　　③ 基坑开挖应采取措施防止碰撞支护结构、工程桩或扰动基底原状土土层。

　　④ 当采用机械在软土场地作业时,应采取铺设渣土或砂石等硬化措施。

（3）施工方案。

① 基坑工程施工应编制专项施工方案，开挖深度超过3m或虽未超过3m但地质条件和周边环境复杂的基坑土方开挖、支护、降水工程，应单独编制专项施工方案。

② 专项施工方案应按规定进行审核、审批。

③ 开挖深度超过5m的基坑土方开挖、支护、降水工程或开挖深度虽未超过5m但地质条件、周围环境复杂的基坑土方开挖、支护、降水工程专项施工方案，应组织专家进行论证。

④ 当基坑周边环境或施工条件发生变化时，专项施工方案应重新进行审核、审批。

图4-1 基坑支护

 【如何做】

（1）基坑支护设计时，应综合考虑基坑周边环境和地质条件的复杂程度、基坑深度等因素，按规定采用支护结构的相应安全等级。对同一基坑的不同部位，可采用不同的安全等级。

（2）基坑支护设计应按下列要求设定支护结构的水平位移控制值和基坑周边环境的沉降控制值。

① 当基坑开挖影响范围内有建筑物时，支护结构水平位移控制值、建筑物的沉降控制值应按不影响其正常使用的要求确定，并应符合现行国家标准《建筑地基基础设计规范》（GB 50007—2011）中对地基变形允许值的规定；当基坑开挖影响范围内有地下管线、地下构筑物、道路时，支护结构水平位移控制值、地面沉降控制值应按不影响其正常使用的要求确定，并应符合现行相关标准对其允许变形的规定。

② 当支护结构构件同时用作主体地下结构构件时，支护结构水平位移控制值不应大于主体结构设计对其变形的限值。

③ 当无本条第①款、第②款情况时，支护结构水平位移控制值应根据地区经验按工程的具体条件确定。

（3）基坑支护应按实际的基坑周边建筑物、地下管线、道路和施工荷载等条件进行设计。设计中应提出明确的基坑周边荷载限值、地下水和地表水控制等基坑使用要求。

（4）基坑支护设计应满足的主体地下结构的施工要求：

① 基坑侧壁与主体地下结构的净空间和地下水控制应满足主体地下结构及其防水的施工要求；

② 采用锚杆时，锚杆的锚头及腰梁不应妨碍地下结构外墙的施工；

③ 采用内支撑时，内支撑及腰梁的设置应便于地下结构及其防水的施工。

（5）基坑开挖应符合的规定。

① 当支护结构构件强度达到开挖阶段的设计强度时，方可下挖基坑；对采用预应力锚杆的支护结构，应在锚杆施加预加力后，方可下挖基坑；对土钉墙，应在土钉、喷射混凝土面层的养护时间大于 2d 后，方可下挖基坑。

② 应按支护结构设计规定的施工顺序和开挖深度分层开挖。

③ 锚杆、土钉的施工作业面与锚杆、土钉的高差不宜大于 500mm。

④ 开挖时，挖土机械不得碰撞或损害锚杆、腰梁、土钉墙面、内支撑及其连接件等构件，不得损害已施工的基础桩。

⑤ 当基坑采用降水时，应在降水后开挖地下水位以下的土方。

⑥ 当开挖揭露的实际土层性状或地下水情况与设计依据的勘察资料明显不符，或出现异常现象、不明物体时，应停止开挖，在采取相应处理措施后方可继续开挖。

⑦ 挖至坑底时，应避免扰动基底持力土层的原状结构。

（6）当基坑开挖面上方的锚杆、土钉、支撑未达到设计要求时，严禁向下超挖土方。

4.1.2 基坑施工时对主要影响区范围内的建（构）筑物和地下管线保护措施符合规范及专项施工方案的要求。

【依据】

《建筑基坑支护技术规程》（JGJ 120—2012）、《危险性较大的分部分项工程管理规定》（住房和城乡建设部令第 37 号）、《建筑地基基础工程施工规范》（GB 51004—2015）。

【解读】

（1）基坑工程施工中，应对支护结构、已施工的主体结构和邻近道路、市政管线与地下设施、周围建（构）筑物等进行监测，根据监测信息动态调整施工方案，产生突发情况时应及时采取有效措施。基坑监测应符合现行国家标准《建筑基坑工程监测技术规范》（GB 50497—2019）的规定。基坑工程施工中应加强对监测测点的保护。

（2）施工单位应当严格按照专项施工方案组织施工，不得擅自修改专项施工方案。

【如何做】

基坑开挖监测包括支护结构的内力和变形，地下水位变化及周边建（构）筑物、地下管线等市政设施的沉降和位移等监测内容。

4.1.3 基坑周围地面排水措施符合规范及专项施工方案的要求。

【依据】

《建筑基坑支护技术规程》（JGJ 120—2012）。

【如何做】

（1）雨期施工时，应在坑顶、坑底采取有效的截排水措施（图4-2）；对地势低洼的基坑，应考虑周边汇水区域地面径流向基坑汇水的影响；排水沟、集水井应采取防渗措施。

图4-2　截排水措施

（2）基坑周边地面宜做硬化或防渗处理。

（3）基坑周边的施工用水应有排放措施，不得渗入土体内。

（4）当坑体渗水、积水或有渗流时，应及时进行疏导、排泄、截断水源。

4.1.4 基坑地下水控制措施符合规范及专项施工方案的要求。

【依据】

《建筑施工土石方工程安全技术规范》（JGJ 180—2009）。

【如何做】

（1）基坑开挖深度范围内有地下水时，应采取有效的地下水控制措施。

（2）基坑边坡的顶部应设排水措施。基坑底四周宜设排水沟和集水井，并及时排出积水（图4-3）。基坑挖至坑底时应及时清理基底并浇注筑垫层。

图 4-3　基坑底排水沟、集水井

4.1.5　基坑周边荷载符合规范及专项施工方案的要求。

【依据】

《建筑施工土石方工程安全技术规范》（JGJ 180—2009）。

【解读】

（1）基坑边堆置土、料具等荷载不得超出基坑支护设计允许范围。

（2）机械设备施工与坑边的安全距离应符合国家现行相关标准要求。

（3）当利用支撑兼作施工作业平台或施工栈桥时，上部机械设备的荷载应在设计允许范围内。

【如何做】

除基坑支护设计允许外，基坑边不得堆土、堆料、放置机具。

基坑周边荷载，会增加墙后土体的侧向压力，增大滑动力矩，降低支护体系的安全度。施工过程中，不得随意在基坑周围堆土，形成超过设计要求的地面超载。

紧邻围护墙的地面超载和施工荷载对支护结构影响很大，往往引起围护墙变形的增大，其荷载大小应严格按照设计文件的要求予以控制。地面超载包括坑外的临时施工堆载如零星的建筑材料、小型施工器材等，设计中通常按不大于 $20kN/m^2$ 考虑。施工荷载指在基坑开挖期间，作用在坑边或围护墙附近荷载较大且时间较长或频繁出现的荷载，如挖土机、土方车等。

4.1.6　基坑监测项目、监测方法、测点布置、监测频率、监测报警及日常检查符合规范、设计及专项施工方案的要求。

【依据】

《建筑基坑工程监测技术标准》（GB 50497—2019）、《建筑深基坑工程施工安全技术规范》（JGJ 311—2013）、《建筑施工土石方工程安全技术规范》（JGJ 180—2009）、《建筑施工安全检查标准》（JGJ 59—2011）、《危险性较大的分部分项工程安全管理规定》（住房和城乡建设部令第 37 号）。

【解读】

（1）基坑开挖前应编制监测方案，并应明确监测项目、监测报警值、监测方法和监测点的布置、监测周期等内容。

（2）监测的时间间隔应根据施工进度确定，当监测结果变化速率较大时，应加密观测次数。

基坑开挖监测工程中，应根据设计要求提交阶段性监测报告。

（3）监测项目应与基坑工程设计、施工方案相匹配；应针对监测对象的关键部位进行重点观测；各监测项目的选择应利于形成互为补充、验证的监测体系。

（4）监测点的布置应能反映监测对象的实际状态及其变化趋势，监测点应布置在监测对象受力及变形关键点和特征点上，并应满足对监测对象的监控要求。

（5）监测点的布置不应妨碍监测对象的正常工作，并且便于监测，易于保护。

（6）不同监测项目的监测点宜布置在同一监测断面上。

（7）监测标志应稳固可靠、标示清晰。

（8）监测方法的选择应根据监测对象的监控要求、现场条件、当地经验和方法适用性等因素综合确定，监测方法应合理易行。仪器监测可采用现场人工监测或自动化实时监测。

（9）监测频率的确定应满足能系统反映监测对象所测项目的重要变化过程而又不遗漏其变化时刻的要求。

（10）仪器监测频率应符合的规定：

① 监测频率应综合考虑基坑类别、基坑及地下工程的不同施工阶段以及周边环境、自然条件的变化和当地经验确定。

② 当基坑支护结构监测值相对稳定，开挖工况无明显变化时，可适当降低对支护结构的监测频率。

③ 当基坑支护结构、地下水位监测值相对稳定时，可适当降低对周边环境的监测频率。

④ 对于应测项目，在无异常和无事故征兆的情况下，开挖后监测频率可按规定确定。

（11）预测预警值应满足基坑支护结构、周边环境的变形和安全控制要求。监测预警值应由基坑工程设计方确定。

（12）应根据工程施工特点，提出安全技术方案实施过程中的控制原则、明确重点监控部位和监控指标要求。

（13）安全专项方案编制应包含信息施工法实施细则，包含对施工监测成果信息的发布、分析，决策与指挥系统。

【如何做】

对于按照规定需要进行第三方监测的危大工程，建设单位应当委托具有相应勘察资质的单位进行监测（图4-4）。监测单位应当编制监测方案。监测方案由监测单位技术负责人审核签字并加盖单位公章，报送监理单位后方可实施。监测单位应当按照监测方案开展监测，及时向建设单位报送监测成果，并对监测成果负责；发现异常时，及时向建设、设计、施工、监理单位报告，建设单位应当立即组织相关单位采取处置措施。

图 4-4　基坑监测

4.1.7　基坑内作业人员上下专用梯道符合规范及专项施工方案的要求。

【依据】

《建筑施工土石方工程安全技术规范》（JGJ 180—2009）。

【解读】

基坑内宜设置供施工人员上下的专用梯道（图 4-5）。梯道应设扶手栏杆，梯道的宽度不应小于 1m。梯道的搭设应符合相关安全规范的要求。安全防护开挖深度超过 2m 及以上的基坑周边按规范要求设置防护栏杆，基坑内作业人员上下专用梯道符合规范及专项施工方案的要求。

图 4-5　基坑内施工人员上下专用梯道

4.1.8 基坑坡顶地面无明显裂缝，基坑周边建筑物无明显变形。

【依据】

《建筑基坑工程监测技术标准》（GB 50497—2019）。

【解读】

基坑工程巡视检查宜包括以下内容。

（1）周边管线有无破损、泄漏情况。

（2）围护墙后土体有无沉陷、裂缝及滑移现象。

（3）周边建筑有无新增裂缝出现。

（4）周边道路（地面）有无裂缝、沉陷。

（5）邻近基坑施工（堆载、开挖、降水或回灌、打桩等）变化情况。

（6）存在水力联系的邻近水体（湖泊、河流、水库等）的水位变化情况。

4.2 脚手架工程

4.2.1 一般规定。

（1）作业脚手架底部立杆上设置的纵向、横向扫地杆符合规范及专项施工方案要求。

落地脚手架安全专项施工方案

扫码观看相关资料

【依据】

《建筑施工脚手架安全技术统一标准》（GB 51210—2016）。

【解读】

（1）架体的结构、构造应根据脚手架相关国家现行标准的规定搭设，立杆间距、步距、连墙件、剪刀撑的设置也应符合相关国家现行标准的规定。

（2）脚手架底部立杆上设置扫地杆，一般在距地面200mm的位置设置纵向扫地杆；横向扫地杆紧靠纵向扫地杆下方设置。设置扫地杆具有两个作用，一是增强架体的整体性；二是减小底部立杆的计算长度。图4-6为脚手架立杆基础。

图4-6　脚手架立杆基础

（2）连墙件的设置符合规范及专项施工方案要求。

【依据】

《建筑施工扣件式钢管脚手架安全技术规范》（JGJ 130—2011）。

【解读】

当满堂支撑架高宽比不满足《建筑施工扣件式钢管脚手架安全技术规范》（JGJ 130—2011）附录C表C-2～表C-5规定（高宽比大于2或2.5）时，满堂支撑架应在支架的四周和中部与结构柱进行刚性连接，连墙件（图4-7）水平间距应为6～9m，竖向间距应为2～3m。在无结构柱部位应采取预埋钢管等措施与建筑结构进行刚性连接，在有空间部位，满堂支撑架宜超出顶部加载区投影范围向外延伸布置2～3跨。支撑架高宽比不应大于3。

（1）连墙件应从架体底层第一步纵向水平杆处开始设置，当该处设置有困难时应采取其他可靠措施固定。

（2）对搭设高度超过24m的双排脚手架，应采用刚性连墙件与建筑结构可靠拉结。

图4-7　脚手架首层连墙件

（3）步距、跨距搭设符合规范及专项施工方案要求。

【依据】

《建设施工脚手架安全技术统一标准》（GB 51210—2016）。

【解读】

（1）架体的结构、构造应根据脚手架相关国家现行标准的规定搭设，立杆间距、步距、连墙件、剪刀撑的设置也应符合相关国家现行标准的规定。

（2）作业脚手架搭设与工程施工同步，是为了满足工程施工的需求；一次搭设高度不应超过最上层连墙件2步，且不应大于4m，是为了保证搭设施工安全。

（4）剪刀撑的设置符合规范及专项施工方案要求。

【依据】

《建筑施工门式钢管脚手架安全技术标准》（JGJ/T 128—2019）、《建筑施工碗扣式钢管脚手架安全技术规范》（JGJ 166—2016）、《建筑施工扣件式钢管脚手架安全技术规范》（JGJ 130—

2011）、《建筑施工承插型盘扣式钢管脚手架安全技术标准》（JGJ/T 231—2021）。

【解读】

　　剪刀撑（图4-8）是对脚手架起着纵向稳定、加强纵向刚性的重要杆件。为保证脚手架整体结构不变形，高度在24m以下的单、双排脚手架，均必须在外侧立面的两端设置一道剪刀撑，并应由底至顶连续设置，中间各道剪刀撑之间的净距不应大于15m。24m以上的双排脚手架应在外侧立面整个长度和高度上设置剪刀撑。纵向必须设置剪刀撑，十字盖宽度不得超过7根立杆，与水平夹角应为45°～60°。剪刀撑的里侧一根与交叉处立杆用转扣胀牢，外侧一根与小横杆伸出部分胀牢。剪刀撑斜杆的接长应采用搭接或对接，当采用搭接时，搭接长度不应小于1m，并应采用不少于3个旋转扣件固定。

图4-8　剪刀撑

　　（5）架体基础符合规范及专项施工方案要求。

【依据】

　　《建筑施工碗扣式钢管脚手架安全技术规范》（JGJ 166—2016）、《建筑施工安全检查标准》（JGJ 59—2011）。

【解读】

　　（1）架体基础应按方案要求平整、夯实，并应采取排水措施。
　　（2）架体底部应按规范要求设置垫板和底座，垫板规格应符合规范要求。
　　（3）架体扫地杆设置应符合规范要求。

【如何做】

　　脚手架地基（图4-9）应符合下列规定。
　　（1）地基应坚实、平整，场地应有排水措施，不应有积水。
　　（2）土层地基上的立杆底部应设置底座和混凝土垫层，垫层混凝土强度等级不应低于C15，厚度不应小于150mm；当采用垫板代替混凝土垫层时，垫板宜采用厚度不小于50mm、宽度不小于200mm、长度不少于2倍立杆间距的木垫板。

（3）混凝土结构层上的立杆底部应设置底座或垫板。

（4）对承载力不足的地基土或混凝土结构层，应进行加固处理。

（5）湿陷性黄土、膨胀土、软土地基应有防水措施。

（6）当基础表面高差较小时，可采用可调底座调整；当基础表面高差较大时，可利用立杆碗扣节点位差配合可调底座进行调整，且高处的立杆距离坡顶边缘不宜小于500mm。

图4-9　脚手架地基

（6）架体材料和构配件符合规范及专项施工方案要求，扣件按规定进行抽样复试。

【依据】

《市政工程施工安全检查标准》（CJJ/T 275—2018）、《建筑施工安全检查标准》（JGJ 59—2011）、《建筑施工扣件式钢管脚手架安全技术规范》（JGJ 130—2011）。

【解读】

原材料的质量对于架体的整体稳定性和承载力起着至关重要的作用，进场的构配件应提供产品标识、产品质量合格证、产品性能检验报告，且性能指标应符合国家现行相关产品标准的要求，并应对其表面观感（弯曲、变形、锈蚀、裂纹等）、几何尺寸、焊接质量等物理指标进行抽检，抽检应留下记录。

【如何做】

（1）《建筑施工扣件式钢管脚手架安全技术规范》（JGJ 130—2011）：

脚手架钢管应采用现行国家标准《直缝电焊钢管》（GB/T 13793—2016）或《低压流体输送用焊接钢管》（GB/T 3091—2016）中规定的Q235普通钢管；钢管的钢材质量应符合现行国家标准《碳素结构钢》（GB/T 700—2006）中Q235级钢的规定。

（2）《建筑施工碗扣式钢管脚手架安全技术规范》（JGJ 166—2016）：参见本规范中3.2材质要求（全文）。

（3）《建筑施工门式钢管脚手架安全技术规范》（JGJ 128—2010）：参见本规范中3 构配件（全文）。

（7）脚手架上严禁集中荷载。

【依据】

《施工脚手架通用规范》（GB 55023—2022）。

【解读】

（1）脚手架可变荷载标准值的取值应符合下列规定。

① 应根据实际情况确定作业脚手架上的施工荷载标准值，且不应低于表 4-1 的规定。

表 4-1　作业脚手架施工荷载标准值

序号	作业脚手架用途	施工荷载标准值/(kN/m²)
1	砌筑工程作业	3.0
2	其他主体结构工程作业	2.0
3	装饰装修作业	2.0
4	防护	1.0

② 当作业脚手架上存在 2 个及以上作业层同时作业时，在同一跨距内各操作层的施工荷载标准值总和取值不应小于 5.0kN/m²。

③ 应根据实际情况确定支撑脚手架上的施工荷载标准值，且不应低于表 4-2 的规定。

表 4-2　支撑脚手架施工荷载标准值

类别		施工荷载标准值/(kN/m²)
混凝土结构模板支撑脚手架	一般	2.5
	有水平泵管设置	4.0
钢结构安装支撑脚手架	轻钢结构、轻钢空间网架结构	2.0
	普通钢结构	3.0
	重型钢结构	3.5

④ 支撑脚手架上移动的设备、工具等物品应按其自重计算可变荷载标准值。

（2）对于脚手架上的动力荷载，应将振动、冲击物体的自重乘以动力系数 1.35 后计入可变荷载标准值。

（8）架体的封闭符合规范及专项施工方案要求。

【依据】

《建筑施工安全检查标准》（JGJ 59—2011）。

【解读】

（1）架体必须用密目式安全网沿外立杆内侧进行封闭（图4-10），密目式安全立网之间必须连接牢固，封闭严密，并用专用绑绳与架体固定。

（2）架体作业层脚手板下应采用安全平网兜底，以下每隔10m应采用安全平网封闭。

图 4-10　密目式安全网

（9）脚手架上脚手板的设置符合规范及专项施工方案要求。

【依据】

《建筑施工碗扣式钢管脚手架安全技术规范》（JGJ 166—2016）、《建筑施工扣件式钢管脚手架安全技术规范》（JGJ 130—2011）。

【解读】

（1）《建筑施工碗扣式钢管脚手架安全技术规范》（JGJ 166—2016）：

① 作业平台脚手板应铺满、铺稳、铺实。

② 工具式钢脚手板必须有挂钩，并应带有自锁装置与作业层横向水平杆锁紧，严禁浮放。

（2）《建筑施工扣件式钢管脚手架安全技术规范》（JGJ 130—2011）：

① 作业层脚手板（图 4-11）应铺满、铺稳、铺实。

② 冲压钢脚手板、木脚手板、竹串片脚手板等，应设置在三根横向水平杆上。当脚手板长度小于2m时，可采用两根横向水平杆支承，脚手板两端应与横向水平杆可靠固定，严防倾翻。脚手板的铺设应采用对接平铺或搭设铺设。脚手板对接平铺时，接头处应设两根横向水平杆，脚手板伸长度应取130～150mm，两块脚手板外伸长度的和不应大于300mm。

③ 脚手板搭接铺设时，接头应支撑在横向水平杆上，搭接长度不应小于 200mm，其伸出横向水平杆的长度不应小于100mm。

④ 作业层端部脚手板探头长度应取150mm，其板的两端均应固定于支撑杆件上。

图 4-11　脚手架上脚手板

附着式升降防护
脚手架施工方案

扫码观看相关资料

4.2.2　附着式升降脚手架。

（1）附着支座设置符合规范及专项施工方案要求。

📑【依据】

《建筑施工安全检查标准》（JGJ 59—2011）。

🔖【解读】

（1）附着支座数量、间距应符合规范要求。
（2）使用工况应将竖向主框架与附着支座固定。
（3）升降工况应将防倾、导向装置设置在附着支座上。
（4）附着支座与建筑结构连接固定方式应符合规范要求。

（2）防坠落、防倾覆安全装置符合规范及专项施工方案要求。

📑【依据】

《建筑施工安全检查标准》（JGJ 59—2011）、《建筑施工工具式脚手架安全技术规范》
（JGJ 202—2010）。

🔖【解读】

（1）附着式升降脚手架应安装防坠落装置，技术性能应符合规范要求。
（2）防坠落装置与升降设备应分别独立固定在建筑结构上。
（3）防坠落装置应设置在竖向主框架处，与建筑结构附着。
（4）附着式升降脚手架应安装防倾覆装置，技术性能应符合规范要求。
（5）升降和使用工况时，最上和最下两个防倾装置之间最小间距应符合规范要求。
（6）附着式升降脚手架应安装同步控制装置，并应符合规范要求。防坠落、防倾覆
安全装置如图 4-12 所示。

图 4-12　防坠落、防倾覆安全装置

【如何做】

（1）防倾覆装置中应包括导轨和两个以上与导轨连接的可滑动的导向件。

（2）在防倾导向件的范围内应设置防倾覆导轨，且应与竖向主框架可靠连接。

（3）在升降和使用两种工况下，最上和最下两个导向件之间的最小间距不得小于2.8m或架体高度的1/4。

（4）应具有防止竖向主框架倾斜的功能。

（5）应采用螺栓与附墙支座连接，其装置与导轨之间的间隙应小于5mm。

（3）同步升降控制装置符合规范及专项施工方案要求。

【依据】

《建筑施工安全检查标准》（JGJ 59—2011）、《建筑施工工具式脚手架安全技术规范》（JGJ 202—2010）。

【解读】

（1）两跨以上架体同时升降应采用电动或液压动力装置，不得采用手动装置。

（2）升降工况附着支座处建筑结构混凝土强度应符合设计和规范要求。

（3）升降工况架体上不得有施工荷载，严禁人员在架体上停留。

【如何做】

同步控制装置是用来控制多个升降设备在同时升降时，出现不同步状态的设施，防止升降设备因荷载不均衡而造成超载事故。

同步控制装置（图4-13）应符合的规定如下。

（1）附着式升降脚手架升降时，必须配备有限制荷载或水平高差的同步控制系统。连续式水平支承桁架，应采用限制荷载自控系统；简支静定水平支撑桁架，应采用水平高差同步自控系统；当设备受限时，可选择限制荷载自控系统。

（2）限制荷载自控系统应具有的功能如下。

① 当某一机位的荷载超过设计值的15%时，应采用声光形式自动报警和显示报警机位；当超过30%时，应能使该升降设备自动停机。

② 应具有超载、失载、报警和停机的功能。宜增设显示记忆和储存功能。

③ 应具有自身故障报警功能，并应能适应施工现场环境。

④ 性能应可靠、稳定，控制精度应在5%以内。

（3）水平高差同步控制系统应具有的功能：

① 当水平支承桁架两端高差达到30mm时，应能自动停机。

② 应具有显示各提升点的实际升高和超高的数据，并应有记忆和储存的功能。

③ 不得采用附加重量的措施控制同步。

图 4-13 同步控制装置

（4）构造尺寸符合规范及专项施工方案要求。

【依据】

《建筑施工安全检查标准》（JGJ 59—2011）、《建筑施工工具式脚手架安全技术规范》（JGJ 202—2010）。

【解读】

（1）架体（图 4-14）高度不应大于 5 倍楼层高。

（2）架体宽度不应大于 1.2m。

（3）直线布置的架体支承跨度不应大于 7m，折线或曲线布置的架体外侧距离不应大于 5.4m。

（4）架体的水平悬挑长度不应大于 2m，且不应大于跨度的 1/2。

（5）架体高度与支承跨度的乘积不应大于 110m^2。

图 4-14 架体

4.2.3 悬挑式脚手架。

（1）型钢锚固段长度及锚固型钢的主体结构混凝土强度符合规范及专项施工方案要求。

【依据】

《建筑施工门式钢管脚手架安全技术标准》（JGJ/T 128—2019）、《建筑

悬挑式脚手架专项
施工方案

扫码观看相关资料

施工扣件式钢管脚手架安全技术规范》（JGJ 130—2011）。

【解读】

（1）悬挑式脚手架如图 4-15 所示。《建筑施工门式钢管脚手架安全技术标准》（JGJ/T 128—2019）：

① 型钢悬挑梁锚固段长度不宜小于悬挑段长度的 1.25 倍，悬挑支承点应设置在建筑结构的梁板上，并应根据混凝土的实际强度进行承载能力验算，不得设置在外伸阳台或悬挑楼板上。

② 型钢悬挑梁宜采用双轴对称截面的型钢，型钢截面型号应经设计确定。

③ 对锚固型钢悬挑梁的楼板应进行设计验算，当承载力不能满足要求时，应采取在楼板内增配钢筋、对楼板进行反支撑等措施。型钢悬挑梁的锚固段压点应采用不少于 2 个（对）预埋 U 形钢筋拉环或螺栓固定；锚固位置的楼板厚度不应小于 100mm，混凝土强度不应低于 20MPa。U 形钢筋拉环或螺栓应埋设在梁板下排钢筋的上边，并与结构钢筋焊接或绑扎牢固，锚固长度应符合现行国家标准《混凝土结构设计规范》（GB 50010—2010）中钢筋锚固的规定。

（2）《建筑施工扣件式钢管脚手架安全技术规范》（JGJ 130—2011）：

① 型钢悬挑梁宜采用双轴对称截面的型钢。悬挑钢梁型号及锚固件应按设计确定，钢梁截面高度不应小于 160mm。悬挑梁尾端应在两处及以上固定于钢筋混凝土梁板结构上。锚固型钢悬挑梁的 U 形钢筋拉环或锚固螺栓直径不宜小于 16mm。

② 锚固型钢的主体结构混凝土强度等级不得低于 C20。

图 4-15　悬挑式脚手架

（2）悬挑钢梁卸荷钢丝绳设置方式符合规范及专项施工方案要求。

【依据】

《建筑施工门式钢管脚手架安全技术标准》（JGJ/T 128—2019）、《建筑施工扣件式钢管脚手架安全技术规范》（JGJ 130—2011）。

【解读】

每个型钢悬挑梁外端宜设置钢拉杆或钢丝绳与上部建筑结构斜拉结（图4-16），并应符合下列规定。

（1）刚性拉杆可参与型钢悬挑梁的受力计算，钢丝绳不宜参与型钢悬挑梁的受力计算，刚性拉杆与钢丝绳应有张紧措施。刚性拉杆的规格应经设计确定，钢丝绳的直径不宜小于15.5mm。

（2）刚性拉杆或钢丝绳与建筑结构拉结的吊环宜采用HPB300级钢筋制作，其直径不宜小于φ18，吊环预埋锚固长度应符合现行国家标准《混凝土结构设计规范》（GB 50010—2010）的规定。

（3）钢丝绳绳卡的设置应符合现行国家标准《钢丝绳夹》（GB/T 5976—2006）的规定，钢丝绳与型钢悬挑梁的夹角不应小于45°。

图4-16　悬挑钢梁卸荷钢丝绳

（3）悬挑钢梁的固定方式符合规范及专项施工方案要求。

【依据】

《建筑施工门式钢管脚手架安全技术标准》（JGJ/T 128—2019）、《建筑施工扣件式钢管脚手架安全技术规范》（JGJ 130—2011）。

【解读】

（1）《建筑施工扣件式钢管脚手架安全技术规范》（JGJ 130—2011）：

① 型钢悬挑梁宜采用双轴对称截面的型钢。悬挑钢梁型号及锚固件应按设计确定，钢梁截面高度不应小于160mm。悬挑梁尾端应在两处及以上固定于钢筋混凝土梁板结构上。锚固型钢悬挑梁的U形钢筋拉环或锚固螺栓直径不宜小于16mm。

② 每个型钢悬挑梁外端宜设置钢丝绳或钢拉杆与上一层建筑结构斜拉结。钢丝绳、钢拉杆不参与悬挑钢梁受力计算；钢丝绳与建筑结构拉结的吊环应使用HPB 300级钢筋，其直径不宜小于20mm，吊环预埋锚固长度应符合现行国家标准《混凝土结构设计规范》（GB 50010—2010）中钢筋锚固的规定。

③ 悬挑钢梁悬挑长度应按设计确定，固定段长度不应小于悬挑段长度的1.25倍。型钢悬挑梁固定端应采用2个（对）及以上U形钢筋拉环或锚固螺栓与建筑结构梁板固定，U形钢筋拉环或锚固螺栓应预埋至混凝土梁、板底层钢筋位置，并应与混凝土梁、板底层钢筋焊接或绑扎牢固，其锚固长度应符合现行国家标准《混凝土结构设计规范》（GB 50010—2010）中钢筋锚固的规定。

（2）《建筑施工门式钢管脚手架安全技术标准》（JGJ/T 128—2019）：

① 型钢悬挑梁的锚固段压点宜采用不少于 2 个（对）预埋 U 形钢筋拉环或螺栓固定；锚固位置的楼板厚度不应小于 100mm，混凝土强度不应低于 20MPa。U 形钢筋拉环或螺栓应埋设在梁板下排钢筋的上边，用于锚固 U 形钢筋拉环或螺栓的锚固钢筋应与结构钢筋焊接或绑扎牢固，其锚固长度应符合现行国家标准《混凝土结构设计规范》（GB 50010—2010）中钢筋锚固的规定。

② 当型钢悬挑梁与建筑结构采用螺栓钢压板连接固定时，钢压板宽厚尺寸不应小于 100mm×10mm；当压板采用角钢时，角钢的规格不应小于 63mm×63mm×6mm。

③ 型钢悬挑梁与 U 形钢筋拉环或螺栓连接应紧固。当采用钢筋拉环连接时，应采用钢楔或硬木楔塞紧；当采用螺栓钢压板连接时，应采用双螺母拧紧。

④ 悬挑脚手架底层门架立杆与型钢悬挑梁应可靠连接，门架立杆不得滑动或窜动。型钢梁上应设置定位销，定位销的直径不应小于 30mm，长度不应小于 100mm，并应与型钢梁焊接牢固。门架立杆插入定位销后与门架立杆的间隙不宜大于 3mm。

悬挑钢梁的固定如图 4-17 所示。

图 4-17　悬挑钢梁的固定

（4）底层封闭符合规范及专项施工方案要求。

【依据】

《建筑施工安全检查标准》（JGJ 59—2011）。

【解读】

架体底层沿建筑结构边缘在悬挑钢梁与悬挑钢梁之间应采取措施封闭；架体底层应进行封闭（图 4-18）。

底层封闭牢固、密实

图 4-18　架体底层封闭

（5）悬挑钢梁端立杆定位点符合规范及专项施工方案要求。

【依据】

《建筑施工门式钢管脚手架安全技术标准》（JGJ/T 128—2019）、《建筑施工扣件式钢管脚手架安全技术规范》（JGJ 130—2011）。

【解读】

（1）《建筑施工门式钢管脚手架安全技术标准》（JGJ/T 128—2019）：

悬挑脚手架底层门架立杆与型钢悬挑梁应可靠连接，门架立杆不得滑动或窜动。型钢梁上应设置定位销，定位销的直径不应小于30mm，长度不应小于100mm，并应与型钢梁焊接牢固。门架立杆插入定位销后与门架立杆的间隙不宜大于3mm。

（2）《建筑施工扣件式钢管脚手架安全技术规范》（JGJ 130—2011）：

① 悬挑梁间距应按悬挑架架体立杆（图4-19）纵距设置，每一纵距设置一根。

② 型钢悬挑梁悬挑端应设置能使脚手架立杆与钢梁可靠固定的定位点，定位点离悬挑梁端部不应小于100mm。

图4-19　悬挑架架体立杆

4.2.4　高处作业吊篮

（1）各限位装置齐全有效。

【依据】

《建筑施工安全检查标准》（JGJ 59—2011）。

【解读】

吊篮（图4-20）应安装上限位装置，宜安装下限位装置。

图4-20　吊篮

（2）安全锁必须在有效的标定期限内。

📑【依据】

《建筑施工安全检查标准》（JGJ 59—2011）。

💬【解读】

吊篮应安装防坠安全锁，并应灵敏有效。防坠安全锁不应超过标定期限。

（3）吊篮内作业人员不应超过2人。

📑【依据】

《建筑施工安全检查标准》（JGJ 59—2011）。

💬【解读】

考虑吊篮作业面小，出现坠落事故时尽量减少人员伤亡，将上人数量控制在2人以内。吊篮作业如图4-21所示。

图4-21　吊篮作业

（4）安全绳的设置和使用符合规范及专项施工方案要求。

📑【依据】

《建筑施工工具式脚手架安全技术规范》（JGJ 202—2010）、《建筑施工安全检查标准》（JGJ 59—2011）。

💬【解读】

（1）吊篮应设置为作业人员挂设安全带专用的安全绳和安全锁扣，安全绳应固定在建筑物可靠位置上，不得与吊篮上的任何部位连接。

（2）钢丝绳。

① 钢丝绳不应有断丝、断股、松股、锈蚀、硬弯及油污和附着物。

② 安全钢丝绳应单独设置，型号规格应与工作钢丝绳一致。

③ 吊篮运行时安全钢丝绳应张紧悬垂。

④ 电焊作业时应对钢丝绳采取保护措施。

【如何做】

高处作业吊篮应设置作业人员专用的挂设安全带的安全绳（图4-22）及安全锁扣。安全绳应固定在建筑物可靠位置上不得与吊篮上任何部位有连接，并应符合下列规定：

（1）安全绳应符合现场国家标准《安全带》（GB 6095—2009）的要求，其直径应与安全锁扣的规格相一致；

（2）安全绳不得有松散、断股、打结现象；

（3）安全锁扣的配件应完好、齐全，规格和方向标识应清晰可辨。

图4-22　安全绳

（5）吊篮悬挂机构前支架设置符合规范及专项施工方案要求。

【依据】

《建筑施工安全检查标准》（JGJ 59—2011）。

【解读】

吊篮悬挂机构前支架（图4-23）不得支撑在女儿墙及建筑物外挑檐边缘等非承重结构上。前支架应与支撑面垂直，且脚轮不应受力。

图4-23　吊篮悬挂机构前支架

（6）吊篮配重件重量和数量符合说明书及专项施工方案要求。

【依据】

《高处作业吊篮》（GB/T 19155—2017）、《建筑施工工具式脚手架安全技术规范》（JGJ 202—2010）。

【解读】

（1）《建筑施工工具式脚手架安全技术规范》（JGJ 202—2010）：

配重件应稳定可靠地安放在配重架上，并应有防止随意移动的措施。严禁使用破损的配重件或其他替代物。配重件的重量应符合设计要求。

（2）《高处作业吊篮》（GB/T 19155—2017）：

用作悬挂装置配重的所有重物应是实心的（每块质量最大 25kg）且有永久标记，禁止采用注水或散状物作为配重。如采用混凝土配重，混凝土强度应不低于 C25；内部应浇注加强钢筋等，适合长途运输和搬运。

吊篮架配重如图 4-24 所示。

图 4-24　吊篮架配重

4.2.5　操作平台

（1）移动式操作平台的设置符合规范及专项施工方案要求。

操作平台专项
施工方案

扫码观看相关资料

【依据】

《建筑施工高处作业安全技术规范》（JGJ 80—2016）。

【解读】

（1）移动式操作平台（图 4-25）面积不宜大于 10m^2，高度不宜大于 5m，高宽比不应大于 2:1，施工荷载不应大于 1.5kN/m^2。

（2）移动式操作平台的轮子与平台架体连接应牢固，立柱底端离地面大于 80mm，行走轮和导向轮应配有制动器或刹车闸等制动措施。

（3）移动式行走轮承载力不应小于 5kN，制动力矩不应小于 2.5N·m，移动式操作平台架体应保持垂直，不得弯曲变形，制动器除在移动情况外，均应保持制动状态。

（4）移动式升降工作平台应符合现行国家标准《移动式升降工作平台设计计算、安全要求和测试方法》（GB 25849—2010）和《移动式升降工作平台安全规则、检查、维护和操作》（GB/T 27548—2011）的要求。

（5）移动式操作平台的结构设计计算应符合《建筑施工高处作业安全技术规范》（JGJ 80—2016）附录B的规定。

（6）操作平台应通过设计计算，并应编制专项方案。

图4-25　移动式操作平台

（2）落地式操作平台的设置符合规范及专项施工方案要求。

【依据】

《建筑施工高处作业安全技术规范》（JGJ 80—2016）。

落地式卸料平台专项
施工方案

扫码观看相关资料

【解读】

（1）落地式操作平台（图4-26）架体构造应符合下列规定。

① 操作平台的高度不应大于15m，高宽比不应大于3:1。

② 施工平台的施工荷载大于$2.0kN/m^2$；当接料平台的施工荷载大于$2.0kN/m^2$时，应进行专项设计。

③ 操作平台应与建筑物进行刚性连接或加设防倾措施，不得与脚手架连接。

④ 用脚手架搭设操作平台时，其立杆间距和步距等结构要求应符合国家现行相关脚手架规范的规定；应在立杆下部设置底座或垫板、纵向与横向扫地杆，并应在外立面设置剪刀撑或斜撑。

⑤ 操作平台应从底层第一步水平杆起逐层设置连墙件，且连墙件间隔不应大于4m，并应设置水平剪刀撑。连墙件应为可承受拉力和压力的构件，并应与建筑结构可靠连接。

（2）落地式操作平台搭设材料及搭设技术要求、允许偏差应符合国家现行相关脚手架标准的规定。

（3）落地式操作平台应按国家现行相关脚手架标准的规定计算受弯构件强度、连接扣件抗滑承载力、立杆稳定性、连墙杆件强度与稳定性及连接强度、立杆地基承载力等。

（4）落地式操作平台一次搭设高度不应超过相邻连墙件以上两步。

（5）落地式操作平台拆除应由上而下逐层进行，严禁上下同时作业，连墙件应随施工进度逐层拆除。

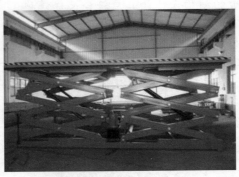

图 4-26　落地式操作平台

（3）悬挑式操作平台的设置符合规范及专项施工方案要求。

悬挑式卸料平台专项施工方案

扫码观看相关资料

【依据】

《建筑施工高处作业安全技术规范》（JGJ 80—2016）。

【解读】

（1）悬挑式操作平台的悬挑长度不宜大于 5m，均布荷载不应大于 5.5kN/m²，集中荷载不应大于 15kN，悬挑梁应锚固固定。

（2）采用斜拉方式的悬挑式操作平台，平台两侧的连接吊环应与前后两道斜拉钢丝绳连接，每一道钢丝绳应能承载该侧所有荷载。

（3）采用支承方式的悬挑式操作平台，应在钢平台下方设置不少于两道斜撑，斜撑的一端应支承在钢平台主结构钢梁下，另一端应支承在建筑物主体结构。

（4）采用悬臂梁式的操作平台，应采用型钢制作悬挑梁或悬挑桁架，不得使用钢管，其节点应采用螺栓或焊接的刚性节点。当平台板上的主梁采用与主体结构预埋件焊接时，预埋件、焊缝均应经设计计算，建筑主体结构应同时满足强度要求。

（5）悬挑式操作平台应设置 4 个吊环，吊运时应使用卡环，不得使吊钩直接钩挂吊环。吊环应按通用吊环或起重吊环设计，并应满足强度要求。

（6）悬挑式操作平台安装时，钢丝绳应采用专用的钢丝绳夹连接，钢丝绳夹数量应与钢丝绳直径相匹配，且不得少于 4 个。建筑物锐角、利口周围系钢丝绳处应加衬软垫物。

（7）悬挑式操作平台的外侧应略高于内侧；外侧应安装防护栏杆并应设置防护挡板全封闭。

（8）人员不得在悬挑式操作平台吊运、安装时上下。

（9）悬挑式操作平台的结构设计计算应符合《建筑施工高处作业安全技术规范》（JGJ 80—2016）附录 C 的规定。

4.3 起重机械

4.3.1 一般规定。

（1）起重机械的备案、租赁符合要求。

📄【依据】————————————————————————————

《建筑起重机械安全监督管理规定》（住房和城乡建设部令第 166 号）。

💡【解读】————————————————————————————

（1）出租单位、自购建筑起重机械的使用单位，应当建立建筑起重机械安全技术档案。

建筑起重机械安全技术档案应当包括以下资料：

① 购销合同、制造许可证、产品合格证、制造监督检验证明、安装使用说明书、备案证明等原始资料；

② 定期检验报告、定期自行检查记录、定期维护保养记录、维修和技术改造记录、运行故障和生产安全事故记录、累计运转记录等运行资料；

③ 历次安装验收资料。

（2）出租单位出租的建筑起重机械和使用单位购置、租赁、使用的建筑起重机械应当具有特种设备制造许可证、产品合格证、制造监督检验证明。

（3）出租单位在建筑起重机械首次出租前，自购建筑起重机械的使用单位在建筑起重机械首次安装前，应当持建筑起重机械特种设备制造许可证、产品合格证和制造监督检验证明到本单位工商注册所在地县级以上地方人民政府建设主管部门办理备案。

✏️【如何做】————————————————————————————

有下列情形之一的建筑起重机械，不得出租、使用：

（1）属国家明令淘汰或者禁止使用的；

（2）超过安全技术标准或者制造厂家规定的使用年限的；

（3）经检验达不到安全技术标准规定的；

（4）没有完整安全技术档案的；

（5）没有齐全有效的安全保护装置的。

（2）起重机械安装、拆卸符合要求。

📄【依据】————————————————————————————

《建筑起重机械安全监督管理规定》（住房和城乡建设部令第 166 号）。

【解读】

（1）从事建筑起重机械安装、拆卸活动的单位（以下简称安装单位）应当依法取得建设主管部门颁发的相应资质和建筑施工企业安全生产许可证，并在其资质许可范围内承揽建筑起重机械安装、拆卸工程。

（2）建筑起重机械使用单位和安装单位应当在签订的建筑起重机械安装、拆卸合同中明确双方的安全生产责任。

实行施工总承包的，施工总承包单位应当与安装单位签订建筑起重机械安装、拆卸工程安全协议书。

（3）安装单位应当履行规范规定的安全职责。

（4）安装单位应当按照建筑起重机械安装、拆卸工程专项施工方案及安全操作规程组织安装、拆卸作业。

安装单位的专业技术人员、专职安全生产管理人员应当进行现场监督，技术负责人应当定期巡查。

（5）建筑起重机械安装拆卸工、起重信号工、起重司机、司索工等特种作业人员应当经建设主管部门考核合格，并取得特种作业操作资格证书后，方可上岗作业。

（3）起重机械验收符合要求。

【依据】

《建筑起重机械安全监督管理规定》（住房和城乡建设部令第 166 号）。

【解读】

（1）建筑起重机械安装完毕后，安装单位应当按照安全技术标准及安装使用说明书的有关要求对建筑起重机械进行自检、调试和试运转。自检合格的，应当出具自检合格证明，并向使用单位进行安全使用说明。

（2）建筑起重机械安装完毕后，使用单位应当组织出租、安装、监理等有关单位进行验收，或者委托具有相应资质的检验检测机构进行验收。建筑起重机械经验收合格后方可投入使用，未经验收或者验收不合格的不得使用。

实行施工总承包的，由施工总承包单位组织验收。

建筑起重机械在验收前应当经有相应资质的检验检测机构监督检验合格。

检验检测机构和检验检测人员对检验检测结果、鉴定结论依法承担法律责任。

（4）按规定办理使用登记。

【依据】

《建筑起重机械安全监督管理规定》（住房和城乡建设部令第 166 号）。

【解读】

使用单位应当自建筑起重机械安装验收合格之日起30日内,将建筑起重机械安装验收资料、建筑起重机械安全管理制度、特种作业人员名单等,向工程所在地县级以上地方人民政府建设主管部门办理建筑起重机械使用登记。登记标志置于或者附着于该设备的显著位置。

（5）起重机械的基础、附着符合使用说明书及专项施工方案要求。

【依据】

《建筑机械使用安全技术规程》（JGJ 33—2012）、《建筑起重机械安全监督管理规定》（住房和城乡建设部令第166号）。

【解读】

（1）塔式起重机（图4-27）的混凝土基础应符合使用说明书和现行行业标准《大型塔式起重机混凝土基础工程技术规程》（JGJ/T 301—2013）的规定。

（2）塔式起重机的基础应排水通畅,并应按专项方案与基坑保持安全距离。

（3）塔式起重机应在其基础验收合格后进行安装。

（4）塔式起重机的附着装置应符合下列规定：

① 附着建筑物的锚固点的承载能力应满足塔式起重机技术要求。附着装置的布置方式应按使用说明书的规定执行。当有变动时,应另行设计。

② 附着杆件与附着支座（锚固点）应采取销轴铰接。

③ 安装附着框架和附着杆件时,应用经纬仪测量塔身垂直度,并应利用附着杆件进行调整,在最高锚固点以下垂直度允许偏差为2/1000。

④ 安装附着框架和附着支座时,各道附着装置所在平面与水平面的夹角不得超过10°。

⑤ 附着框架宜设置在塔身标准节连接处,并应箍紧塔身。

⑥ 塔身顶升到规定附着间距时,应及时增设附着装置。塔身高出附着装置的自由端高度,应符合使用说明书的规定。

⑦ 塔式起重机作业过程中,应经常检查附着装置,发现松动或异常情况时,应立即停止作业,故障未排除,不得继续作业。

⑧ 拆卸塔式起重机时,应随着降落塔身的进程拆卸相应的附着装置。严禁在落塔之前先拆附着装置。

⑨ 附着装置的安装、拆卸、检查和调整应有专人负责。

⑩ 行走式塔式起重机作固定式塔式起重机使用时,应提高轨道基础的承载能力,切断行走机构的电源,并应设置阻挡行走轮移动的支座。

（5）建筑起重机械在使用过程中需要附着的,使用单位应当委托原安装单位或者具有相应资质的安装单位按照专项施工方案实施,并按照《建筑起重机械安全监督管理规定》（住房和城乡建设部令第166号）第十六条规定组织验收。验收合格后方可投入使用。

图 4-27 塔式起重机

（6）起重机械的安全装置灵敏、可靠；主要承载结构件完好；结构件的连接螺栓、销轴有效；机构、零部件、电气设备线路和元件符合相关要求。

【依据】

《起重机械安全规程 第1部分：总则》（GB 6067.1—2010）、《建筑施工塔式起重机安装、使用、拆卸安全技术规程》（JGJ 196—2010）。

【解读】

（1）《起重机械安全规程 第1部分：总则》（GB 6067.1—2010）：3 金属结构。

（2）《建筑施工塔式起重机安装、使用、拆卸安全技术规程》（JGJ 196—2010）：

塔式起重机在安装前和使用过程中，发现有下列情况之一的，不得安装和使用：

① 结构件上有可见裂纹和严重锈蚀的，如图 4-28 所示中的起重机械构件。

② 主要受力构件存在塑性变形的。

③ 连接件存在严重磨损和塑性变形的；钢丝绳达到报废标准的；安全装置不齐全或失效的。

图 4-28 起重机械构件

（7）起重机械与架空线路安全距离符合规范要求。

【依据】

《施工现场临时用电安全技术规范》（JGJ 46—2005）、《建筑施工起重吊装工程安全技术规范》（JGJ 276—2012）。

🔄【解读】

　　起重机靠近架空输电线路作业或在架空输电线路下行走时，与架空输电线的安全距离应符合现行行业标准《施工现场临时用电安全技术规范》（JGJ 46—2005）和其他相关标准的规定。

✒️【如何做】

　　起重机与架空线路边线（图 4-29）的最小安全距离，至少要保证在垂直或者水平方向有1.5m 以上的安全距离。

图 4-29　起重机与架空线路边线

　　（8）按规定在起重机械安装、拆卸、顶升和使用前向相关作业人员进行安全技术交底。

📑【依据】

　　《建筑起重机械安全监督管理规定》（住房和城乡建设部令第 166 号）、《危险性较大的分部分项工程安全管理规定》（住房和城乡建设部令第 37 号）。

🔄【解读】

　　（1）安装单位应当履行下列安全职责：
　　① 按照安全技术标准及建筑起重机械性能要求，编制建筑起重机械安装、拆卸工程专项施工方案，并由本单位技术负责人签字。
　　② 按照安全技术标准及安装使用说明书等检查建筑起重机械及现场施工条件。
　　③ 组织安全施工技术交底并签字确认。
　　④ 制定建筑起重机械安装、拆卸工程生产安全事故应急救援预案。
　　⑤ 将建筑起重机械安装、拆卸工程专项施工方案，安装、拆卸人员名单，安装、拆卸时间等材料报施工总承包单位和监理单位审核后，告知工程所在地县级以上地方人民政府建设主管部门。

（2）专项施工方案实施前，编制人员或者项目技术负责人应当向施工现场管理人员进行方案交底。

施工现场管理人员应当向作业人员进行安全技术交底，并由双方和项目专职安全生产管理人员共同签字确认。

（9）定期检查和维护保养符合相关要求。

【依据】

《建筑起重机械安全监督管理规定》（住房和城乡建设部令第166号）。

【解读】

使用单位应当对在用的建筑起重机械及其安全保护装置、吊具、索具等进行经常性和定期的检查、维护和保养，并做好记录。

使用单位在建筑起重机械租期结束后，应当将定期检查、维护和保养记录移交出租单位。

建筑起重机械租赁合同对建筑起重机械的检查、维护、保养另有约定的，从其约定。

【如何做】

使用单位应当履行下列安全职责。

（1）根据不同施工阶段、周围环境以及季节、气候的变化，对建筑起重机械采取相应的安全防护措施。

（2）制定建筑起重机械生产安全事故应急救援预案。

（3）在建筑起重机械活动范围内设置明显的安全警示标志，对集中作业区做好安全防护。

（4）设置相应的设备管理机构或者配备专职的设备管理人员。

（5）指定专职设备管理人员、专职安全生产管理人员进行现场监督检查。

（6）建筑起重机械出现故障或者发生异常情况的，立即停止使用，消除故障和事故隐患后，方可重新投入使用。

4.3.2　塔式起重机。

（1）作业环境符合规范要求。多塔交叉作业防碰撞安全措施符合规范及专项方案要求。

塔吊安拆专项
施工方案

扫码观看相关资料

【依据】

《起重机械安全规程　第1部分：总则》（GB 6067.1—2010）、《建筑机械使用安全技术规程》（JGJ 33—2012）、《建筑施工塔式起重机安装、使用、拆卸安全技术规程》（JGJ 196—2010）。

【解读】

（1）《起重机械安全规程　第 1 部分：总则》（GB 6067.1—2010）：

架空电线和电缆。起重机靠近架空电缆线作业时，指挥人员、操作者和其他现场工作人员应注意以下几点：

① 在不熟悉的地区工作时，检查是否有架空线。

② 确认所有架空电缆线路是否带电。

③ 在可能与带电动力线接触的场合，工作开始之前，应首先考虑当地电力主管部门的意见。

④ 起重机工作时，臂架、吊具、辅具，钢丝绳、缆风绳及载荷等，与输电线的最小距离应符合表 4-3 的规定。

表 4-3　起重机械与输电线的最小距离

输电线路电压 v/kV	<1	1~20	35~110	154	220	330
最小距离/m	1.5	2	4	5	6	7

当起重机械进入到架空电线和电缆的预定距离之内时，安装在起重机械上的防触电安全装置可发出有效的警报。但不能因为配有这种装置而忽视起重机的安全工作制度。

（2）《建筑施工塔式起重机安装、使用、拆卸安全技术规程》（JGJ 196—2010）：

当多台塔式起重机（图 4-30）在同一施工现场交叉作业时，应编制专项方案，并应采取防碰撞的安全措施。任意两台塔式起重机之间的最小架设距离应符合下列规定：

① 低位塔式起重机的起重臂端部与另一台塔式起重机的塔身之间的距离不得小于 2m。

② 高位塔式起重机的最低位置的部件（或吊钩升至最高点或平衡重的最低部位）与低位塔式起重机中处于最高位置部件之间的垂直距离不得小于 2m。

图 4-30　塔式起重机

（2）塔式起重机的起重力矩限制器、起重量限制器、行程限位装置等安全装置符合规范要求。

【依据】

《建筑机械使用安全技术规程》（JGJ 33—2012）、《塔式起重机安全规程》（GB 5144—2006）。

【解读】

（1）载荷限制装置。

① 应安装起重量限制器并应灵敏可靠。当起重量大于相应挡位的额定值并小于该额定值的110%时，应切断上升方向的电源，但机构可作下降方向的运动。

② 应安装起重力矩限制器并应灵敏可靠。当起重力矩大于相应工况下的额定值并小于该额定值的110%，应切断上升和幅度增大方向的电源，但机构可作下降和减小幅度方向的运动。

（2）行程限位装置。

① 应安装起升高度限位器，起升高度限位器的安全越程应符合规范要求，并应灵敏可靠。

② 小车变幅的塔式起重机应安装小车行程开关，动臂变幅的塔式起重机应安装臂架幅度限制开关，并应灵敏可靠。

③ 回转部分不设集电器的塔式起重机应安装回转限位器，并应灵敏可靠。

④ 行走式塔式起重机应安装行走限位器，并应灵敏可靠。

【如何做】

（1）《建筑机械使用安全技术规程》（JGJ 33—2012）：

建筑起重机械的变幅限位器、力矩限制器、起重量限制器、防坠安全器、钢丝绳防脱装置、防脱钩装置以及各种行程限位开关等安全保护装置，必须齐全有效，严禁随意调整或拆除。严禁利用限制器和限位装置代替操纵机构。

（2）《塔式起重机安全规程》（GB 5144—2006）：

① 起重量限制器。

a. 塔机应安装起重量限制器。如设有起重量显示装置，则其数值误差不应大于实际值的±5%。

b. 当起重量大于相应挡位的额定值并小于该额定值的110%时，应切断上升方向的电源，但机构可作下降方向的运动。

② 起重力矩限制器。

a. 塔机应安装起重力矩限制器。如设有起重力矩显示装置，则其数值误差不应大于实际值的±5%。

b. 当起重力矩大于相应工况下的额定值并小于该额定值的110%时，应切断上升和幅度增大方向的电源，但机构可作下降和减小幅度方向的运动。

c. 力矩限制器控制定码变幅的触点或控制定幅变码的触点应分别设置，且能分别调整。

d. 对小车变幅的塔机，其最大变幅速度超过40m/min，在小车向外运行，且起重力矩达到额定值的80%时，变幅速度应自动转换为不大于40m/min的速度运行。

③ 行程限位装置。

a. 行走限位装置。轨道式塔机行走机构应在每个运行方向设置行程限位开关。在轨道上应安装限位开关碰铁，其安装位置应充分考虑塔机的制动行程，保证塔机在与止挡装置或与同一轨道上其他塔机相距大于1m处能完全停住，此时电缆还应有足够的富余长度。

b. 幅度限位装置。小车变幅的塔机，应设置小车行程限位开关。动臂变幅的塔机应设置臂架低位置和臂架高位置的幅度限位开关，以及防止臂架反弹后翻的装置。

c. 起升高度限位器。塔机应安装吊钩上极限位置的起升高度限位器。吊钩下极限位置的限位器，可根据用户要求设置。

d. 回转限位器。回转部分不设集电器的塔机，应安装回转限位器。塔机回转部分在非工作状态下应能自由旋转；对有自锁作用的回转机构，应安装安全极限力矩联轴器。

（3）吊索具的使用及吊装方法符合规范要求。

【依据】

《建筑机械使用安全技术规程》（JGJ 33—2012）、《施工现场机械设备检查技术规范》（JGJ 160—2016）。

【解读】

（1）《建筑机械使用安全技术规程》（JGJ 33—2012）：

4.1.24 至 4.1.32：详见规范。

（2）《施工现场机械设备检查技术规范》（JGJ 160—2016）：

7.1.4：详见规范。

吊索具如图 4-31 所示。

图 4-31　吊索具

【如何做】

（1）塔式起重机安装、使用、拆卸时，起重吊具、索具应符合下列要求。

① 吊具与索具产品应符合现行行业标准《起重机械吊具与索具安全规程》的规定。

② 吊具与索具应与吊重种类、吊运具体要求以及环境条件相适应。

③ 作业前应对吊具与索具进行检查，当确认完好时方可投入使用。

④ 吊具承载时不得超过额定起重量，吊索（含各分肢）不得超过安全工作载荷。

⑤ 塔式起重机吊钩的吊点，应与吊重重心在同一条铅垂线上，使吊重处于稳定平衡状态。

（2）新购置或修复的吊具、索具，应进行检查，确认合格后，方可使用。

（3）吊具、索具在每次使用前应进行检查，经检查确认符合要求后，方可继续使用。当发现有缺陷时，应停止使用。

（4）吊具与索具每 6 个月应进行一次检查，并应做好记录。检验记录应作为继续使用、维修或报废的依据。

（4）按规定在顶升（降节）作业前对相关机构、结构进行专项安全检查。

【依据】

《建筑机械使用安全技术规程》（JGJ 33—2012）。

【解读】

升降作业前，应对液压系统进行检查和试机，应在空载状态下将液压缸活塞杆伸缩3～4 次，检查无误后，再将液压缸活塞杆通过顶升梁借助顶升套架的支撑，顶起载荷100～150mm，停 10min，观察液压缸载荷是否有下滑现象。

4.3.3 施工升降机。

施工升降机
施工专项方案

扫码观看相关资料

（1）防坠安全装置在标定期限内，安装符合规范要求。

【依据】

《建筑机械使用安全技术规程》（JGJ 33—2012）、《建筑施工安全检查标准》（JGJ 59—2011）。

【解读】

（1）应安装起重量限制器，并应灵敏可靠。
（2）应安装渐进式防坠安全器并应灵敏可靠，防坠安全器应在有效的标定期内使用。
（3）对重钢丝绳应安装防松绳装置，并应灵敏可靠。
（4）吊笼的控制装置应安装非自动复位型的急停开关，任何时候均可切断控制电路停止吊笼运行。
（5）底架应安装吊笼和对重缓冲器，缓冲器应符合规范要求。
（6）SC 型施工升降机应安装一对以上安全钩。

【如何做】

施工升降机的防坠安全器应在标定期限内使用，标定期限不应超过一年。使用中不得任意拆检调整防坠安全器。

图 4-32　限制器和限位装置

建筑起重机械的变幅限位器、力矩限制器、起重量限制器、防坠安全器、钢丝绳防脱装置、防脱钩装置以及各种行程限位开关等安全保护装置，必须齐全有效，严禁随意调整或拆除。严禁利用限制器和限位装置（图4-32）代替操纵机构。

（2）按规定制定各种载荷情况下齿条和驱动齿轮、安全齿轮的正确啮合保证措施。

【依据】

《施工现场机械设备检查技术规范》（JGJ 160—2016）。

【如何做】

SC 型升降机传动系统和限速安全器的输出端齿轮与齿条啮合时的接触长度，沿齿高不应小于40%，沿齿长不应小于50%，齿面侧隙应为0.2～0.5mm。防脱齿装置应可靠有效。

（3）附墙架的使用和安装符合使用说明书及专项施工方案要求。

【依据】

《建筑施工升降机安装、使用、拆卸安全技术规程》（JGJ 215—2010）、《施工现场机械设备检查技术规范》（JGJ 160—2016）。

【如何做】

（1）《建筑施工升降机安装、使用、拆卸安全技术规程》（JGJ 215—2010）：

① 施工升降机的附墙架（图4-33）形式、附着高度、垂直间距、附着点水平距离、附墙架与水平面之间的夹角、导轨架自由端高度和导轨架与主体结构间水平距离等均应符合使用说明书的规定。

② 当附墙架不能满足施工现场要求时，应对附墙架另行设计计算。附墙架的设计应满足构件刚度、强度、稳定性等要求，制作应满足设计要求。

（2）《施工现场机械设备检查技术规范》（JGJ 160—2016）。

附墙架应符合下列规定：

① 结构应无塑性变形，锈蚀深度不得超出原壁厚的10%。

② 附墙架不得与外脚手架连接，附墙间距、附墙距离、导轨架最大悬高应符合使用说明书规定。

③ 各处连接应紧固无松动。

④ 左右方向应与导轨架对中，不得影响吊笼正常运行。

⑤ 与水平面夹角不应超出±8°。

图4-33　附墙架

（4）层门的设置符合规范要求。

【依据】

《施工现场机械设备检查技术规范》（JGJ 160—2016）。

【如何做】

（1）升降机应设置高度不低于1.8m的地面防护围栏（图4-34），围栏门应装有机电连锁装置。

图4-34　防护围栏

（2）层门应符合下列规定：

① 升降机的每个登机处都必须设有层门，任意开启时均不应脱离轨道。

② 层门外表面或层门两侧防护装置外缘与吊笼门外缘间的水平间距不得大于150mm。

③ 层门关闭时，必须能全宽度围挡登机平台开口，下缘与登机平台地面间隙不应大于35mm。

④ 装载和卸载时，吊笼门与登机平台外缘的水平距离不大于50mm。

⑤ 高度降低的层门高度不应小于1.10m。层门与正常的吊笼运动部件的安全距离不应小于0.85m；当施工升降机的额定提升速度不大于0.7m/s时，安全距离可为0.50m。

4.3.4　物料提升机。

（1）安全停层装置齐全、有效。

📄【依据】

《建筑施工安全检查标准》（JGJ 59—2011）、《施工现场机械设备检查技术规范》（JGJ 160—2016）。

【解读】

安全停层装置应符合规范要求，并应定型化。

✏【如何做】

安全装置应符合如下规定。

（1）吊笼运行到位后，安全停靠装置应将吊笼定位，并应能承受所有载荷。

（2）当断绳保护装置满载断绳时，吊笼的滑落行程不应大于1m。

（3）吊笼安全门应采用机电连锁装置；当门打开时，吊笼不应工作。

（4）上料口防护宽度应大于提升机最外部尺寸长度，低架提升机应大于3m，高架提升机应大于5m，应能承受$100N/m^2$均布荷载。

（5）上极限位器安装位置到天梁最低处的距离不应小于3m。

（6）非自动复位型紧急停电开关安装位置应能使司机及时切断提升机的总控制电源，但工作照明不应断电。

（7）由司机控制的音响信号装置，各楼层装卸人员应都能有效接收。

（8）高架提升机（30m以上）除应具有低架提升机所有安全装置外，还应有下列安全装置：

① 下极限限位器：应满足在吊笼碰到缓冲器之前限位器能动作，吊笼停止下降。

② 缓冲器应采用弹簧或弹性实体。

③ 当超过额定载荷时，超载限制器应能切断起升控制电源。

④ 司机应能使用通信装置与每一站对讲联系。

（9）提升机架体地面进料口处应搭设防护棚（图4-35）。

图4-35　防护棚

（2）钢丝绳的规格、使用符合规范要求。

【依据】

《龙门架及井架物料提升机安全技术规范》（JGJ 88—2010）、《施工现场机械设备检查技术规范》（JGJ 160—2016）、《建筑机械使用安全技术规程》（JGJ 33—2012）。

【解读】

（1）钢丝绳磨损、断丝、变形、锈蚀量应在规范允许范围内。

（2）钢丝绳夹设置应符合规范要求。

（3）当吊笼处于最低位置时，卷筒上钢丝绳严禁少于3圈。

（4）钢丝绳应设置过路保护措施。

【如何做】

（1）钢丝绳应在卷筒上排列整齐，当吊笼处于最低位置时，卷筒上钢丝绳严禁少于3圈。

（2）滑轮应与钢丝绳相匹配，卷筒、滑轮应设置防止钢丝绳脱出的装置。

（3）《钢丝绳夹》（GB/T 5976—2006）：参见本规范全文。

（3）附墙符合要求。缆风绳、地锚的设置符合规范及专项施工方案要求。

【依据】

《施工现场机械设备检查技术规范》（JGJ 160—2016）。

【解读】

（1）缆风绳、附墙装置不得与脚手架连接，不得用钢筋、脚手架钢管等代替缆风绳。

（2）《施工现场机械设备检查技术规范》（JGJ 160—2016）：

① 附墙架与物料提升机架体之间及建筑物之间应采用刚性连接；附墙架及架体不得与脚手架连接。

② 附墙架应符合下列规定：

a. 附墙架的设置应符合设计要求，其间隔不宜大于 9m，且在建筑物顶部应设置一组附墙架，悬高高度应符合使用说明书要求。

b. 附墙架的材质应与架体相同，不应采用木质和竹竿。

③ 缆风绳应符合下列规定：

a. 当提升机无法用附墙架时，应采用缆风绳稳固架体。

b. 缆风绳安全系数应选用 3.5，并应经计算确定，直径不应小于 9.3mm。当提升机高度在 20m 及以下时，缆风绳不应少于 1 组；提升机高度在 21～30m 时，缆风绳不应少于 2 组。

c. 缆风绳与地面夹角不应大于 60°。

d. 高架提升机不应使用缆风绳。

4.4 模板支撑体系

4.4.1 按规定对搭设模板支撑体系的材料、构配件进行现场检验，扣件抽样复试。

模板支撑体系专项
施工方案

扫码观看相关资料

【依据】

《建筑施工高处作业安全技术规范》（JGJ 80—2016）、《市政工程施工安全检查标准》（CJJ/T 275—2018）、《建筑施工模板安全技术规范》（JGJ 162—2008）。

【解读】

（1）钢管满堂模板支撑架构配件和材质应符合下列规定：

① 进场的钢管及构配件应有质量合格证、产品性能检验报告，其规格、型号、材质及产品质量应符合国家现行相关标准要求。

② 钢管壁厚应进行抽检，且壁厚应符合国家现行相关标准要求。

③ 所采用的扣件应进行复试且技术性能应符合国家现行相关标准要求。

④ 杆件的弯曲、变形、锈蚀量应在标准允许范围内，各部位焊缝应饱满。

（2）梁柱式模板支撑架构配件和材质应符合下列规定：

① 进场的支撑架构配件应有质量合格证、产品性能检验报告，其品种、规格、型号、材质应符合专项施工方案要求。

② 支撑架所采用的贝雷梁、万能杆件等常备式定型钢构件的质量应符合相关使用手册要求。

③ 常备式定型钢构件应有使用说明书等技术文件。

④ 支架承力主体结构构件、连接件严禁存在显著的扭曲和侧弯变形、严重超标的挠度以及严重锈蚀剥皮等缺陷。

【如何做】

模板及配件进场应有出厂合格证或当年的检验报告，安装前应对所用部件（立柱、楞梁、吊环、扣件等）进行认真检查，不符合要求者不得使用。

4.4.2 模板支撑体系的搭设和使用符合规范及专项施工方案要求。

【依据】

《建筑施工高处作业安全技术规范》（JGJ 80—2016）、《建筑施工模板安全技术规范》（JGJ 162—2008）。

【如何做】

（1）《建筑施工高处作业安全技术规范》（JGJ 80—2016）：

模板支撑体系（图4-36）搭设和拆卸的悬空作业，应符合下列规定：

① 模板支撑的搭设和拆卸应按规定程序进行，不得在上下同一垂直面上同时装拆模板；

② 在坠落基准面2m及以上高处搭设与拆除柱模板及悬挑结构的模板时，应设置操作平台；

③ 在进行高处拆模作业时应配置登高用具或搭设支架。

（2）《建筑施工模板安全技术规范》（JGJ 162—2008）：

模板构造与安装应符合如下规定。

① 模板安装应按设计与施工说明书顺序拼装。木杆、钢管、门架等支架立柱不得混用。

② 竖向模板和支架立柱支承部分安装在基土上时，应加设垫板，垫板应有足够强度和支承面积，且应中心承载。基土应坚实，并应有排水措施。对湿陷性黄土应有防水措施；对特别重要的结构工程可采用混凝土、打桩等措施防止支架柱下沉；对冻胀性土应有防冻融措施。

③ 当满堂或共享空间模板支架（图4-37）立柱高度超过8m时，若低级土达不到承载要求，无法防止立柱下沉，则应先施工地面下的工程，再分层回填夯实基土，浇筑地面混凝土层，达到强度后方可支模。

④ 模板及其支架在安装过程中，必须设置有效的防倾覆临时固定设施。

图4-36　模板支撑体系　　　　　　　　　图4-37　模板支架

4.4.3　混凝土浇筑时，必须按照专项施工方案规定的顺序进行，并指定专人对模板支撑体系进行监测。

【依据】

《混凝土结构工程施工规范》（GB 50666—2011）、《混凝土结构工程施工及验收规范》（GB 50204—2015）、《市政工程施工安全检查标准》（CJJ/T 275—2018）。

【解读】

（1）混凝土浇筑顺序应符合专项施工方案要求。

（2）作业层施工均布荷载、集中荷载应在设计允许范围内。

（3）支撑架应编制监测监控措施，架体搭设、钢筋安装、混凝土浇捣过程中及混凝土终凝前后应对基础沉降、模板支撑体系的位移进行监测监控。

（4）监测监控应记录监测点、监测时间、工况、监测项目和报警值。

4.4.4　模板支撑体系的拆除符合规范及专项施工方案要求。

【依据】

《混凝土结构工程施工规范》（GB 50666—2011）、《混凝土结构工程施工及验收规范》（GB 50204—2015）、《市政工程施工安全检查标准》（CJJ/T 275—2018）。

【解读】

（1）支撑架拆除前，应确认混凝土达到拆模强度要求，并应填写拆模申请单，履行拆模审批手续；预应力混凝土结构的支撑架应在建立预应力后拆除。

（2）拆除作业应按专项施工方案规定的顺序，并按分层、分段、由上至下的顺序进行。

（3）支撑架拆除前，应设置警戒区，并应设专人监护。

4.5　临时用电

4.5.1　按规定编制临时用电施工组织设计，并履行审核、验收手续。

施工现场临时用电
施工组织设计

扫码观看相关资料

【依据】

《施工现场临时用电安全技术规范》（JGJ 46—2005）。

【解读】

（1）施工单位应当在施工组织设计中，依据《施工现场临时用电安全技术规范》编制安全技术措施和施工现场临时用电方案，施工现场临时用电设备在5台以下和设备总容量在50kW以下者，应制定安全用电和电气防火措施。

（2）电组织设计及变更时，必须履行"编制、审核、批准"程序，由电气工程技术人员组织编制，经相关部门审核及具有法人资格企业的技术负责人批准后实施。变更用电组织设计时应补充有关图纸资料。

（3）临时用电工程必须经编制、审核、批准部门和使用单位共同验收，合格后方可投入使用。

【如何做】

施工现场临时用电组织设计应包括下列内容。

（1）现场勘测。

（2）确定电源进线、变电所或配电室、配电装置、用电设备位置及线路走向。

（3）进行负荷计算。

（4）选择变压器。

（5）设计配电系统：

① 设计配电线路，选择导线或电缆。

② 设计配电装置，选择电器。

③ 设计接地装置。

④ 绘制临时用电工程图纸，主要包括用电工程总平面图、配电装置布置图、配电系统接线图、接地装置设计图。

（6）设计防雷装置。

（7）确定防护措施。

（8）制定安全用电措施和电气防火措施。

4.5.2 施工现场临时用电管理符合相关要求。

【依据】

《施工现场临时用电安全技术规范》（JGJ 46—2005）。

【解读】

（1）临时用电工程定期检查应按分部、分项工程进行，对安全隐患必须及时处理，并应履行复查验收手续。

（2）临时用电工程应定期检查。定期检查时，应复查接地电阻值和绝缘电阻值。

4.5.3 施工现场配电系统符合规范要求。

【依据】

《施工现场临时用电安全技术规范》（JGJ 46—2005）。

【解读】

建筑施工现场临时用电工程专用的电源中性点直接接地的220V/380V三相四线制低压电力系统，必须符合下列规定：

（1）采用三级配电系统；

（2）采用TN-S接零保护系统；

（3）采用二级漏电保护系统。

4.5.4 配电设备、线路防护设施设置符合规范要求。

【依据】

《施工现场临时用电安全技术规范》(JGJ 46—2005)。

【如何做】

(1)在建工程不得在外电架空线路正下方施工、搭设作业棚、建造生活设施或堆放构件、架具、材料及其他杂物等。

(2)在建工程(含脚手架)的周边与外电架空线路的边线之间的最小安全操作距离应符合表4-4规定。

表4-4 在建工程(含脚手架)的周边与外电架空线路的边线之间的最小安全操作距离

外电线路电压等级/kV	<1	1~10	35~110	220	330~500
最小安全操作距离/m	4.0	6.0	8.0	10	15

注:上、下脚手架的斜道不宜设在有外电线路的一侧。

(3)施工现场的机动车道与外电架空线路交叉时,架空线路的最低点与路面的最小垂直距离应符合表4-5规定。

表4-5 施工现场的机动车道与外电架空线路交叉时的最小垂直距离

外电线路电压等级/kV	<1	1~10	35
最小垂直距离/m	6.0	7.0	7.0

(4)起重机严禁越过无防护设施的外电架空线路作业。在外电架空线路附近吊装时,起重机的任何部位或被吊物边缘在最大偏斜时与架空线路边线的最小安全距离应符合表4-6规定。

表4-6 起重机与架空线路边线的最小安全距离

电压/kV		<1	10	35	110	220	330	500
安全距离/m	沿垂直方向	1.5	3.0	4.0	5.0	6.0	7.0	8.5
	沿水平方向	1.5	2.0	3.5	4.0	6.0	7.0	8.5

(5)施工现场开挖沟槽边缘与外电埋地电缆沟槽边缘之间的距离不得小于0.5m。

(6)当达不到规范的规定时,必须采取绝缘隔离防护措施,并应悬挂醒目的警告标志。

架设防护设施时,必须经有关部门批准,采用线路暂时停电或其他可靠的安全技术措施,并应有电气工程技术人员和专职安全人员监护。

防护设施与外电线路之间的安全距离不应小于表4-7所列数值。

防护设施应坚固、稳定,且对外电线路的隔离防护应达到IP30级。

表4-7 防护设施与外电线路之间的最小安全距离

外电线路电压等级/kV	≤10	35	110	220	330	500
最小安全距离/m	1.7	2.0	2.5	4.0	5.0	6.0

（7）当（6）规定的防护措施无法实现时，必须与有关部门协商，采取停电、迁移外电线路或改变工程位置等措施，未采取上述措施的严禁施工。

（8）在外电架空线路附近开挖沟槽时，必须会同有关部门采取加固措施，防止外电架空线路电杆倾斜、悬倒。配电设备如图4-38所示。

图4-38　配电设备

4.5.5　漏电保护器参数符合规范要求。

📑【依据】

《施工现场临时用电安全技术规范》（JGJ 46—2005）。

🔘【解读】

　　开关箱中漏电保护器（图4-39）的额定漏电动作电流不应大于30mA，额定漏电动作时间不应大于0.1s。使用于潮湿或有腐蚀介质场所的漏电保护器应采用防溅型产品，其额定漏电动作电流不应大于15mA，额定漏电动作时间不应大于0.1s。总配电箱中漏电保护器的额定漏电动作电流应大于30mA，额定漏电动作时间应大于0.1s，但其额定漏电动作电流与额定漏电动作时间的乘积不应大于30mA·s。

图4-39　漏电保护器

4.6 安全防护

4.6.1 洞口防护符合规范要求。

【依据】

《建筑施工高处作业安全技术规范》（JGJ 80—2016）。

【如何做】

当竖向洞口短边边长小于 500mm 时，应采取封堵措施；当垂直洞口短边边长大于或等于 500mm 时，应在临空一侧设置高度不小于 1.2m 的防护栏杆，并应采用密目式安全立网或工具式栏板封闭，设置挡脚板；当非垂直洞口短边尺寸为 25～500mm 时，应采用承载力满足使用要求的盖板覆盖，盖板四周搁置应均衡，且应防止盖板移位；当非垂直洞口短边边长为 500～1500mm 时，应采用专项设计盖板覆盖，并应采取固定措施；当非垂直洞口短边边长大于或等于 1500mm 时，应在洞口作业侧设置高度不小于 1.2m 的防护围栏（图 4-40），并应采用密目式安全立网或工具式栏板封闭；洞口应采用安全平网封闭。

图 4-40　防护围栏

4.6.2 临边防护符合规范要求。

【依据】

《建筑施工高处作业安全技术规范》（JGJ 80—2016）。

【解读】

临边作业的防护围栏（图 4-41）应由横杆、立杆及不低于 180mm 高的挡脚板组成，并应符合下列规定：防护栏杆应为两道横杆，上杆距地面高度应为 1.2m，下杆应在上杆和挡脚板中间设置。当防护栏杆高度大于 1.2m 时，应增设横杆，横杆间距不应大于 600mm；防护栏杆立杆间距不应大于 2m。

图 4-41　临边作业的防护围栏

4.6.3　有限空间防护符合规范要求。

【依据】

《工贸企业有限空间作业安全管理与监督暂行规定》。

【解读】

（1）有限空间是指封闭或者部分封闭，与外界相对隔离，出入口较为狭窄，作业人员不能长时间在内工作，自然通风不良，易造成有毒有害、易燃易爆物质积聚或者氧含量不足的空间。

（2）施工单位应根据工程项目情况，辨识有限空间危险源，制定控制措施，公示危害因素，设置警示标志，无关人员禁止进入有限空间内。

（3）有限空间作业现场（图 4-42）内应配备相应的检测和报警仪器，配备必要的安全设备设施和防护用品。

（4）应每日办理有限空间施工作业证，作业证有效时限为一天，应注明作业起始时间，严格履行审批手续，写明危险源及对应措施。

（5）作业前，必须先检查有限空间内部是否存有可燃、有毒有害或有可能引起窒息的气体，符合安全要求方可进入。

（6）有限空间作业时，入口处应设专人监护，电源开关应在监护人伸手可操作位置。

（7）有限空间内作业时，应设置满足施工人员安全需要的通风换气、防止火灾、塌方和便于人员逃生等设备设施。

图 4-42　有限空间作业现场

4.6.4   大模板作业防护符合规范要求。

【依据】

《建筑工程大模板技术标准》（JGJT 74—2017）。

【解读】

（1）大模板（图4-43）吊装应符合下列规定：

① 吊装大模板应设专人指挥，模板起吊应平稳，不得偏斜和大幅度摆动；操作人员应站在安全可靠处，严禁施工人员随同大模板一同起吊。

② 被吊模板上不得有未固定的零散件。

③ 当风速达到或超过15m/s时，应停止吊装。

④ 应确认大模板固定或放置稳固后方可摘钩。

（2）当已浇筑的混凝土强度未达到$1.2N/mm^2$时，不得进行大模板安装施工；当混凝土结构强度未达到设计要求时，不得拆除大模板；当设计无具体要求时，拆除大模板时不得损坏混凝土表面及棱角。

（3）模板安装时宜按模板编号，按内侧、外侧及横墙、纵墙的顺序安装就位。

（4）大模板安装调整合格后应固定，混凝土浇筑时不得移位。

（5）大模板应支撑牢固、稳定。支撑点应设在坚固可靠处，不得与作业脚手架拉结。

（6）当紧固对拉螺栓时，用力应得当，不得使模板表面产生局部变形。

（7）大模板安装就位后，对缝隙及连接部位可采取堵缝措施，防止出现漏浆、错台现象。

（8）大模板的拆除应符合下列规定：

① 大模板的拆除应按先支后拆、后支先拆的顺序。

② 当拆除对拉螺栓时，应采取措施防止模板倾覆。

③ 严禁操作人员站在模板上口晃动、撬动或锤击模板。

④ 拆除的对拉螺栓、连接件及拆模用工具应妥善保管和放置，不得散放在操作平台上。

⑤ 起吊大模板前应确认模板和混凝土结构及周边设施之间无任何连接。

⑥ 移动模板时不得碰撞墙体。

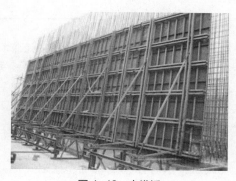

图4-43   大模板

4.6.5　人工挖孔桩作业防护符合规范要求。

【依据】

《建筑桩基技术规范》（JGJ 94—2008）。

【解读】

规定井孔周边必须设置安全防护围栏，高度不低于1.0m，围栏须采用钢管搭设，如图4-44所示。

图4-44　孔口防护围栏

4.7　其　他

4.7.1　建筑幕墙安装作业符合规范及专项施工方案的要求。

建筑幕墙安装作业
专项施工方案

扫码观看相关资料

【依据】

《民用建筑设计统一标准》（GB 50352—2019）、《危险性较大的分部分项工程管理规定》（住房和城乡建设部令第37号）。

【解读】

（1）施工单位应当严格按照专项施工方案组织施工，经审批同意后按方案实施。需要专家论证的，应按有关规定组织论证后实施。不得擅自修改专项施工方案。

（2）建筑幕墙（图4-45）应综合考虑建筑物所在地的地理、气候、环境及使用功能、高度等因素，合理选择幕墙的形式。

（3）建筑幕墙应根据不同的面板材料，合理选择幕墙结构形式、配套材料、构造方式等。

（4）建筑幕墙应满足抗风压、水密性、气密性、保温、隔热、隔声、防火、防雷、耐撞击、光学等性能要求，且应符合国家现行有关标准的规定。

（5）建筑幕墙设置的防护设施应符合窗的设置相关规定。

（6）建筑幕墙工程宜有安装清洗装置的条件。

图 4-45 建筑幕墙安装

【如何做】

窗的设置应符合如下规定。

（1）窗扇的开启形式应方便使用、安全和易于维修、清洗。

（2）公共走道的窗扇开启时不得影响人员通行，其底面距走道地面高度不应低于 2.0m。

（3）公共建筑临空外窗的窗台距楼地面净高不得低于 0.8m，否则应设置防护设施，防护设施的高度由地面起算不应低于 0.8m。

（4）居住建筑临空外窗的窗台距楼地面净高不得低于 0.9m，否则应设置防护设施，防护设施的高度由地面起算不应低于 0.9m。

（5）当防火墙上必须开设窗洞口时，应按现行国家标准《建筑设计防火规范》（GB 50016—2014）执行。

4.7.2　钢结构、网架和索膜结构安装作业符合规范及专项施工方案的要求。

【依据】

《危险性较大的分部分项工程管理规定》（住房和城乡建设部令第 37 号）。

钢结构网架
施工方案

扫码观看相关资料

【解读】

钢结构（图 4-46）吊装作业必须编制专项施工方案，经审批同意后按方案实施。需要专家论证的，应按有关规定组织论证后实施。

图 4-46　钢结构

4.7.3　装配式建筑预制混凝土构件安装作业符合规范及专项施工方案的要求。

装配式建筑预制混凝土构件专项施工方案

扫码观看相关资料

【依据】

《危险性较大的分部分项工程管理规定》（住房和城乡建设部令第 37 号）。

【解读】

装配式混凝土结构施工（图 4-47）应制定专项方案。专项施工方案宜包括工程概况、编制依据、进度计划、施工场地布置、预制构件运输与存放、安装与连接施工、绿色施工、安全管理、质量管理、信息化管理、应急预案等内容。

图 4-47　装配式混凝土结构施工

5 质量管理资料

5.1 建筑材料进场检验资料

5.1.1 水泥。

【依据】

《砌体结构工程施工质量验收规范》（GB 50203—2011）、《混凝土结构工程施工质量验收规范》（GB 50204—2015）。

【解读】

（1）《砌体结构工程施工质量验收规范》（GB 50203—2011）：

水泥使用应符合下列规定：

① 水泥进场时应对其品种、等级、包装或散装仓号、出厂日期进行检查，并应对其强度、安定性进行复验，其质量必须符合现行国家标准《通用硅酸盐水泥》（GB 175—2007）的有关规定。

② 当在使用中对水泥质量有怀疑或水泥出厂超过三个月（快硬硅酸盐水泥超过一个月）时，应做复查试验，并按其复验结果使用。

③ 不同品种的水泥，不得混合使用。

抽检数量：按同一生产厂家、同品种、同等级、同批号连续进场的水泥，袋装水泥不超过 200t 为一批，散装水泥不超过 500t 为一批，每批抽样不少于一次。

检验方法：检查产品合格证、出厂检验报告和进场复验报告。

（2）《混凝土结构工程施工质量验收规范》（GB 50204—2015）：

水泥进场时，应对其品种、代号、强度等级、包装或散装编号、出厂日期等进行检查，并应对水泥的强度、安定性和凝结时间进行检验，检验结果应符合现行国家标准《通用硅酸盐水泥》（GB 175—2007）的相关规定。

检查数量：按同一厂家、同一品种、同一代号、同一强度等级、同一批号且连续进场的水泥，袋装不超过 200t 为一批，散装不超过 500t 为一批，每批抽样数量不应少于一次。

检验方法：检查质量证明文件和抽样检验报告。

5.1.2　钢筋。

【依据】

《钢筋混凝土用钢　第 2 部分：热轧带肋钢筋》（GB/T 1499.2—2018）。

【解读】

钢筋进场必须通知监理单位对钢筋的外观规格、型号、厂家、出场检验报告、钢筋牌号、生产批号、炉号进行检查核对，钢筋进场时，应按现行国家标准《钢筋混凝土用钢　第 2 部分：热轧带肋钢筋》（GB/T 1499.2—2018）等的规定抽取试件做力学性能检验，其质量必须符合有关标准的规定。

检查数量：按进场的批次和产品的抽样检验方案确定。

检验方法：检查产品合格证、出厂检验报告和进场复验报告。

按不同规格型号的钢筋每 60t 为一个检验批次进行现场取样送检，不足 60t 按一个检验批次送样。

外观检查：钢筋进场时，应平直、无损伤，表面不得有裂纹、油污、颗粒状或片状老锈。

规格尺寸：对钢筋规格尺寸进行实测，规格必须符合国家标准的规定。

5.1.3　钢筋焊接、机械连接材料。

【依据】

《钢筋焊接及验收规程》（JGJ 18—2012）、《钢筋机械连接技术规程》（JGJ 107—2016）。

【解读】

（1）《钢筋焊接及验收规程》（JGJ 18—2012）：

施焊的各种钢筋、钢板均应有质量证明书；焊条、焊丝、氧气、溶解乙炔、液化石油气、二氧化碳气体、焊剂应有产品合格证。

（2）《钢筋机械连接技术规程》（JGJ 107—2016）：

工程应用接头时，应对接头技术提供单位提交的接头相关技术资料进行审查与验收，并应包括下列内容：

① 工程所用接头的有效型式检验报告。

② 连接件产品设计、接头加工安装要求的相关技术文件。

③ 连接件产品合格证和连接件原材料质量证明书。

5.1.4　砖、砌块。

【依据】

《烧结多孔砖和多孔砌块》（GB 1354—2011）。

【解读】

砖和砌块的产品质量合格证主要内容包括：生产厂名、产品标记、批量及编号、本批产品实测技术性能和生产日期等，并由检验员和单位签章。

5.1.5　预拌混凝土、预拌砂浆。

【依据】

《混凝土结构工程施工质量验收规范》（GB 50204—2015）、《预拌砂浆应用技术规程》（JGJ/T 223—2010）。

【解读】

（1）《混凝土结构工程施工质量验收规范》（GB 50204—2015）：

预拌混凝土进场时，其质量应符合现行国家标准《预拌混凝土》（GB/T 14902—2012）的规定。

（2）《预拌砂浆应用技术规程》（JGJ/T 223—2010）：

预拌砂浆进场时，供方应按规定批次向需方提供质量证明文件。质量证明文件应包括产品型式检验报告和出厂检验报告等。

5.1.6　钢结构用钢材、焊接材料、连接紧固材料。

📑【依据】────────────────────────

《钢结构工程施工质量验收标准》（GB 50205—2020）。

📖【解读】────────────────────────

高强度大六角头螺栓连接副应随箱带有扭矩系数检验报告，扭剪型高强度螺栓连接副应随箱带有紧固轴力（预拉力）检验报告。高强度大六角头螺栓连接副和扭剪型高强度螺栓连接副进场时，应按国家现行标准的规定抽取试件且应分别进行扭矩系数和紧固轴力（预拉力）检验，检验结果应符合国家现行标准的规定。

5.1.7　预制构件、夹芯外墙板。

📑【依据】────────────────────────

《混凝土结构工程施工质量验收规范》（GB 50204—2015）。

📖【解读】────────────────────────

预制构件的质量应符合《混凝土结构工程施工质量验收规范》（GB 50204—2015）和国家现行有关标准的规定及设计的要求。

检查数量：全数检查。

检查方法：检查质量证明文件或质量验收记录。

5.1.8　灌浆套筒、灌浆料、座浆料。

📑【依据】────────────────────────

《混凝土结构工程施工质量验收规范》（GB 50204—2015）。

📖【解读】────────────────────────

钢筋采用套筒灌浆连接时，灌浆应饱满、密实，其材料及连接质量应符合国家现行行业标准《钢筋套筒灌浆连接应用技术规程》（JGJ 355—2015）的规定。

检查数量：按国家现行行业标准《钢筋套筒灌浆连接应用技术规程》（JGJ 355—2015）的规定确定。

检查方法：检查质量证明文件、灌浆记录及相关检验报告。

5.1.9　预应力混凝土钢绞线、锚具、夹具。

📑【依据】────────────────────────

《混凝土结构工程施工质量验收规范》（GB 50204—2015）。

预应力筋用锚具应和锚垫板、局部加强钢筋配套使用，锚具、夹具和连接器进场时，应按现行行业标准《预应力筋用锚具、夹具和连接器应用技术规程》（JGJ 85—2010）的相关规定对其性能进行检验，检验结果应符合该标准的规定。检验方法：检查质量证明文件、锚固区传力性能试验报告和抽样检验报告。

5.1.10 防水材料。

【依据】

《地下防水工程质量验收规范》（GB 50208—2002）。

【解读】

防水材料的进场验收应符合以下规定。

（1）对材料的外观、品种、规格、包装、尺寸和数量等进行检查验收，并经监理单位或建设单位代表检查确认，形成相应验收记录。

（2）对材料的质量证明文件进行检查，并经监理单位或建设单位代表检查确认，纳入工程技术档案。

（3）材料进场后应按本规范的规定抽样检验，检验应执行见证取样送检制度，并出具材料进场检验报告。

（4）材料的物理性能检验项目全部指标达到标准规定时，即为合格；若有一项指标不符合标准规定，应在受检产品中重新取样进行该项指标复验，复验结果符合标准规定，则判定该批材料为合格。

5.1.11 门窗。

【依据】

《建筑门窗工程检测技术规程》（JGJ/T 205—2010）。

【解读】

（1）门窗产品的进场检验应由建设单位或其委托的监理单位组织门窗生产单位和门窗安装单位等实施。

（2）门窗产品进场时，建设单位或其委托的监理单位应对门窗产品生产单位提供的产品合格证书、检验报告和型式检验报告等进行核查。对于提供建筑门窗节能性能标识证书的，应对其进行核查。

（3）门窗产品的进场检验应包括门窗与型材、玻璃、密封材料、五金件及其他配件、门窗产品物理性能和有害物质含量等。

5.1.12　外墙外保温系统的组成材料。

📑【依据】

《外墙外保温工程技术标准》（JGJ 144—2019）。

📖【解读】

（1）粘贴保温板薄抹灰外保温系统应由黏结层、保温层、抹面层和饰面层构成。黏结层材料应为胶黏剂；保温层材料可为 EPS 板、XPS 板和 PUR 板或 PIR 板；抹面层材料应为抹面胶浆，抹面胶浆中满铺玻纤网；饰面层可为涂料或饰面砂浆。

（2）胶粉聚苯颗粒保温浆料外保温系统应由界面层、保温层、抹面层和饰面层构成。界面层材料应为界面砂浆；保温层材料应为胶粉聚苯颗粒保温浆料，经现场搅拌均匀后抹在基层墙体上；抹面层材料应为抹面胶浆，抹面胶浆中满铺玻纤网；饰面层可为涂料或饰面砂浆。

（3）EPS 板现浇混凝土外保温系统应以现浇混凝土外墙作为基层墙体，EPS 板为保温层，EPS 板内表面（与现浇混凝土接触的表面）并有凹槽，内外表面均应满涂界面砂浆。施工时应将 EPS 板置于外模板内侧，并安装辅助固定件。EPS 板表面应做抹面胶浆抹面层，抹面层中满铺玻纤网；饰面层可为涂料或饰面砂浆。

（4）EPS 钢丝网架板现浇混凝土外保温系统应以现浇混凝土外墙作为基层墙体，EPS 钢丝网架板为保温层，钢丝网架板中的 EPS 板外侧开有凹槽。施工时应将钢丝网架板置于外墙外模板内侧，并在 EPS 板上安装辅助固定件。钢丝网架板表面应涂抹掺外加剂的水泥砂浆抹面层，外表可做饰面层。

（5）胶粉聚苯颗粒浆料贴砌 EPS 板外保温系统应由界面砂浆层、胶粉聚苯颗粒贴砌浆料层、EPS 板保温层、胶粉聚苯颗粒贴砌浆料层、抹面层和饰面层构成。抹面层中应满铺玻纤网，饰面层可为涂料或饰面砂浆。

（6）现场喷涂硬泡聚氨酯外保温系统应由界面层、现场喷涂硬泡聚氨酯保温层、界面砂浆层、找平层、抹面层和饰面层组成。抹面层中应满铺玻纤网，饰面层可为涂料或饰面砂浆。

5.1.13　装饰装修工程材料。

📑【依据】

《建筑装饰装修工程质量验收标准》（GB 50210—2018）。

📖【解读】

建筑装饰装修工程采用的材料、构配件应按进场批次进行检验。属于同一工程项目且同期施工的多个单位工程，对同一厂家生产的同批材料、构配件、器具及半成品，可统一划分检验批，对品种、规格、外观和尺寸等进行验收，包装应完好，并应有产品合格证书、中文说明书及性能检验报告，进口产品应按规定进行商品检验。

5.1.14 幕墙工程的组成材料。

【依据】

《建筑装饰装修工程质量验收标准》（GB 50210—2018）。

【解读】

幕墙工程验收时应检查下列文件和记录：

（1）幕墙工程所用材料、构件、组件、紧固件及其他附件的产品合格证书、性能检验报告、进场验收记录和复验报告。

（2）幕墙工程所用硅酮结构胶的抽查合格证明；国家批准的检测机构出具的硅酮（聚硅氧烷）结构胶相容性和剥离黏结性检验报告；石材用密封胶的耐污染性检验报告。

5.1.15 低压配电系统使用的电缆、电线。

【依据】

《建筑电气工程施工质量验收规范》（GB 50303—2015）。

【解读】

绝缘导线、电缆的进场验收应符合下列规定。

（1）查验合格证：合格证内容填写应齐全、完整。

（2）外观检查：包装完好，电缆端头应密封良好，标识应齐全。抽检的绝缘导线或电缆绝缘层应完整无损，厚度均匀。电缆无压扁、扭曲，铠装不应松卷。绝缘导线、电缆外护层应有明显标识和制造厂标。

（3）检测绝缘性能：电线、电缆的绝缘性能应符合产品技术标准或产品技术文件规定。

（4）检查标称截面积和电阻值：绝缘导线、电缆的标称截面积应符合设计要求，其导体电阻值应符合现行国家标准《电缆的导体》（GB/T 3956—2008）的有关规定。当对绝缘导线和电缆的导电性能、绝缘性能、绝缘厚度、机械性能和阻燃耐火性能有异议时，应按批抽样送有资质的试验室检测。检测项目和内容应符合国家现行有关产品标准的规定。

5.1.16 空调与采暖系统冷热源及管网节能工程采用的绝热管道、绝热材料。

【依据】

《建筑节能工程施工质量验收标准》（GB 50411—2019）。

【解读】

通风与空调节能工程使用的设备、管道、自控阀门、仪表、绝热材料等产品应进行进场验收，并应对下列产品的技术性能参数和功能进行核查。

（1）组合式空调机组、柜式空调机组、新风机组、单元式空调机组及多联机空调系统室内机等设备的供冷量、供热量、风量、风压、噪声及功率，风机盘管的供冷量、供热量、风量、出口静压、噪声及功率。

（2）风机的风量、风压、功率、效率。

（3）空气能量回收装置的风量、静压损失、出口全压及输入功率；装置内部或外部漏风率、有效换气率、交换效率、噪声。

（4）阀门与仪表的类型、规格、材质及公称压力。

（5）成品风管的规格、材质及厚度。

（6）绝热材料的导热系数、密度、厚度、吸水率。

验收与核查的结果应经监理工程师检查认可，且应形成相应的验收记录。各种材料和设备的质量证明文件与相关技术资料应齐全，并应符合设计要求和国家现行有关标准的规定。

5.1.17 采暖通风空调系统节能工程采用的散热器、保温材料、风机盘管。

【依据】

《建筑节能工程施工质量验收标准》（GB 50411—2019）。

【解读】

同 5.1.16【解读】。

5.1.18 防烟、排烟系统柔性短管。

【依据】

《建筑防烟排烟系统技术标准》（GB 51251—2017）。

【解读】

风管进场应符合下列规定。

（1）风管的材料品种、规格、厚度等应符合设计要求和现行国家标准的规定。当采用金属风管且设计无要求时，钢板或镀锌钢板风管板材的厚度应符合表 5-1 的规定。

表 5-1　钢板风管板材厚度

风管直径 D 或长边尺寸 B/mm	送风系统厚度/mm		排烟系统厚度/mm
	圆形风管	矩形风管	
D（B）≤320	0.50	0.50	0.75
320<D（B）≤450	0.60	0.60	0.75
450<D（B）≤630	0.75	0.75	1.00

续表

风管直径 D 或长边尺寸 B/mm	送风系统厚度/mm		排烟系统厚度/mm
	圆形风管	矩形风管	
630<D（B）≤1000	0.75	0.75	1.00
1000<D（B）≤1500	1.00	1.00	1.20
1500<D（B）≤2000	1.20	1.20	1.50
2000<D（B）≤4000	按设计	1.20	按设计

（2）有耐火极限要求的风管的本体、框架与固定材料、密封垫料等必须为不燃材料，材料品种、规格、厚度及耐火极限等应符合设计要求和国家现行标准的规定。

5.2 施工试验检测资料

5.2.1 复合地基承载力检验报告及桩身完整性检验报告。

【依据】

《建筑地基基础工程施工质量验收标准》（GB 50202—2018）。

复合地基承载力检验报告

扫码观看相关资料

桩身完整性检验报告

扫码观看相关资料

【解读】

（1）砂石桩、高压喷射注浆桩、水泥土搅拌桩、土和灰土挤密桩、水泥粉煤灰碎石桩、夯实水泥土桩等复合地基的承载力必须达到设计要求。复合地基承载力的检验数量不应少于总桩数的 0.5%，且不应少于 3 处。有单桩承载力或桩身强度检验要求时，检验数量不应少于总桩数的 0.5%，且不应少于 3 根。

（2）除《建筑地基基础工程施工质量验收标准》（GB 50202—2018）第 4.1.4 条和第 4.1.5 条指定的项目外，其他项目可按检验批抽样。复合地基中增强体的检验数量不应少于总数的 20%。

5.2.2 工程桩承载力及桩身完整性检验报告。

【依据】

《建筑地基基础工程施工质量验收标准》（GB 50202—2018）。

【解读】

（1）工程桩应进行承载力和桩身完整性检验。

（2）设计等级为甲级或地质条件复杂时，应采用静载试验的方法对桩基承载力进行检验，检验桩数不应少于总桩数的 1%，且不应少于 3 根，当总桩数少于 50 根时，不应少于 2 根。在有经验和对比资料的地区，设计等级为乙级、丙级的桩基可采用高应变法对桩基进行竖向抗压承载力检测，检测数量不应少于总桩数的 5%，且不应少于 10 根。

（3）工程桩的桩身完整性的抽检数量不应少于总桩数的 20%，且不应少于 10 根。每根柱子承台下的桩抽检数量不应少于 1 根。

5.2.3　混凝土、砂浆抗压强度试验报告及统计评定。

砂浆抗压强度
试验报告

扫码观看相关资料

【依据】

《混凝土结构工程施工质量验收规范》（GB 50204—2015）、《砌体结构工程施工质量验收规范》（GB 50203—2011）。

【解读】

（1）《混凝土结构工程施工质量验收规范》（GB 50204—2015）：

混凝土强度应按现行国家标准《混凝土强度检验评定标准》（GB/T 50107—2010）的规定分批检验评定。划入同一检验批的混凝土，其施工持续时间不宜超过 3 个月。检验评定混凝土强度时，应采用 28d 或设计规定龄期的标准养护试件。试件成型方法及标准养护条件应符合现行国家标准《混凝土物理力学性能试验方法标准》（GB/T 50081—2019）的规定。采用蒸汽养护的构件，其试件应先随构件同条件养护，然后再置入标准养护条件下继续养护至 28d 或设计规定龄期。

混凝土的强度等级必须符合设计要求。用于检验混凝土强度的试件应在浇筑地点随机抽取。

检查数量：

对同一配合比混凝土，取样与试件留置应符合下列规定：

① 每拌制 100 盘且不超过 100m³ 时，取样不得少于一次。

② 每工作班拌制不足 100 盘时，取样不得少于一次。

③ 连续浇筑超过 1000m³ 时，每 200m³ 取样不得少于一次。

④ 每一楼层取样不得少于一次。

⑤ 每次取样应至少留置一组试件。

检验方法：检查施工记录及混凝土强度试验报告。

（2）《砌体结构工程施工质量验收规范》（GB 50203—2011）：

砌筑砂浆试块强度验收时，其强度合格标准应符合下列规定：

① 同一验收批砂浆试块强度平均值应大于或等于设计强度等级值的 1.10 倍。

② 同一验收批砂浆试块抗压强度的最小一组平均值应大于或等于设计强度等级值的 85%。

5.2.4 钢筋焊接、机械连接工艺试验报告。

钢筋焊接工艺试验报告　　钢筋机械连接工艺检验报告

扫码观看相关资料　　扫码观看相关资料

【依据】

《钢筋焊接及验收规程》（JGJ 18—2012）、《钢筋机械连接技术规程》（JGJ 107—2016）。

【解读】

（1）《钢筋焊接及验收规程》（JGJ 18—2012）：

在钢筋工程焊接开工之前，参与该项工程施焊的焊工必须进行现场条件下的焊接工艺试验，应经试验合格后，方准于焊接生产。

（2）《钢筋机械连接技术规程》（JGJ 107—2016）：

接头工艺检验应针对不同钢筋生产厂的钢筋进行，施工过程中更换钢筋生产厂或接头技术提供单位时，应补充进行工艺检验。工艺检验应符合下列规定：

① 各种类型和型式的接头都应进行工艺检验，检验项目包括单向拉伸极限抗拉强度和残余变形。

② 每种规格钢筋接头试件不应少于 3 根。

③ 接头试件测量残余变形后可继续进行极限抗拉强度试验，并宜按《钢筋机械连接技术规程》（JGJ 107—2016）表 A.1.3 中单向拉伸加载制度进行试验。

④ 每根试件极限抗拉强度和 3 根接头试件残余变形的平均值均应符合《钢筋机械连接技术规程》（JGJ 107—2016）的规定。

⑤ 工艺检验不合格时，应进行工艺参数调整，合格后方可按最终确认的工艺参数进行接头批量加工。

5.2.5 钢筋焊接连接、机械连接试验报告。

钢筋焊接连接试验报告

扫码观看相关资料

【依据】

《钢筋焊接及验收规程》（JGJ 18—2012）。

【解读】

钢筋闪光对焊接头、电弧焊接头、电渣压力焊接头、气压焊接头，箍筋闪光对焊接头、预埋件钢筋 T 形接头的拉伸试验，应从每一检验批接头中随机切取三个接头进行试验并应按下列规定对试验结果进行评定。

（1）符合下列条件之一，应评定该检验批接头拉伸试验合格：

① 3 个试件均断于钢筋母材，呈延性断裂，其抗拉强度大于或等于钢筋母材抗拉强度标准值。

② 2 个试件断于钢筋母材，呈延性断裂，其抗拉强度大于或等于钢筋母材抗拉强度标准值；另一试件断于焊缝，呈脆性断裂，其抗拉强度大于或等于钢筋母材抗拉强度标准值的 1.0 倍。

注：试件断于热影响区，呈延性断裂，应视作与断于钢筋母材等同；试件断于热影响区，呈脆性断裂，应视作与断于焊缝等同。

（2）符合下列条件之一，应进行复验：

① 2个试件断于钢筋母材，呈延性断裂，其抗拉强度大于或等于钢筋母材抗拉强度标准值；另一试件断于焊缝或热影响区，呈脆性断裂，其抗拉强度小于钢筋母材抗拉强度标准值的1.0倍。

② 1个试件断于钢筋母材，呈延性断裂，其抗拉强度大于或等于钢筋母材抗拉强度标准值；另2个试件断于焊缝或热影响区，呈脆性断裂。

③ 3个试件均断于焊缝，呈脆性断裂，其抗拉强度均大于或等于钢筋母材抗拉强度标准值的1.0倍，应进行复验。当3个试件中有1个试件抗拉强度小于钢筋母材抗拉强度标准值的1.0倍，应评定该检验批接头拉伸试验不合格。

复验时，应切取6个试件进行试验。试验结果，若有4个或4个以上试件断于钢筋母材，呈延性断裂，其抗拉强度大于或等于钢筋母材抗拉强度标准值，另2个或2个以下试件断于焊缝，呈脆性断裂，其抗拉强度大于或等于钢筋母材抗拉强度标准值的1.0倍，应评定该检验批接头拉伸试验复验合格。

可焊接余热处理钢筋RRB400W焊接接头拉伸试验结果，其抗拉强度应符合同级别热轧带肋钢筋抗拉强度标准值540MPa的规定。

预埋件钢筋T形接头拉伸试验结果，3个试件的抗拉强度均大于或等于规定值时，应评定该检验批接头拉伸试验合格。若有一个接头试件抗拉强度小于规定值时，应进行复验。

复验时，应切取6个试件进行试验。复验结果，其抗拉强度均大于或等于规定值时，应评定该检验批接头拉伸试验复验合格。

钢筋闪光对焊接头、气压焊接头进行弯曲试验时，应从每一个检验批接头中随机切取3个接头，焊缝应处于弯曲中心点，弯心直径和弯曲角度应符合相关规定。

弯曲试验结果应按下列规定进行评定。

① 当试验结果，弯曲至90°，有2个或3个试件外侧（含焊缝和热影响区）未发生宽度达到0.5mm的裂纹时，应评定该检验批接头弯曲试验合格。

② 当有2个试件发生宽度达到0.5mm的裂纹时，应进行复验。

③ 当有3个试件发生宽度达到0.5mm的裂纹时，应评定该检验批接头弯曲试验不合格。

④ 复验时，应切取6个试件进行试验。复验结果，当不超过2个试件发生宽度达到0.5mm的裂纹时，应评定该检验批接头弯曲试验复验合格。

5.2.6 钢结构焊接工艺评定报告、焊缝内部缺陷检测报告。

【依据】

《钢结构焊接规范》（GB 50661—2011）。

钢结构焊接工艺
评定报告

扫码观看相关资料

钢结构焊缝超声波
检验报告

扫码观看相关资料

【解读】

（1）除符合《钢结构焊接规范》（GB 50661—2011）规定的免予评定条件外，施工单位首次采用的钢材、焊接材料、焊接方法、接头形式、焊接位置、焊后热处理制度以及焊接工艺参数、预热和后热措施等各种参数的组合条件，应在钢结构构件制作及安装施工之前进行焊接工艺评定。

（2）应由施工单位根据所承担钢结构的设计节点形式，钢材类型、规格，采用的焊接方法、焊接位置等，制订焊接工艺评定方案，拟定相应的焊接工艺评定指导书，按《钢结构焊接规范》（GB 50661—2011）的规定施焊试件、切取试样并由具有相应资质的检测单位进行检测试验，测定焊接接头是否具有所要求的使用性能，并出具检测报告；应由相关机构对施工单位的焊接工艺评定施焊过程进行见证，并由具有相应资质的检查单位根据检测结果及《钢结构焊接规范》（GB 50661—2011）的相关规定对拟定的焊接工艺进行评定，并出具焊接工艺评定报告。

5.2.7 高强度螺栓连接摩擦面的抗滑移系数试验报告。

高强度螺栓连接摩擦面
的抗滑移系数
检验报告

扫码观看相关资料

【依据】

《钢结构高强度螺栓连接技术规程》（JGJ 82—2011）。

【解读】

摩擦面的抗滑移系数应按下列规定进行检验。

（1）抗滑移系数检验应以钢结构制作检验批为单位，由制作厂和安装单位分别进行，每一检验批三组；单项工程的构件摩擦面选用两种及两种以上表面处理工艺时，则每种表面处理工艺均需检验。

（2）抗滑移系数检验用的试件由制作厂加工，试件与所代表的构件应为同一材质、同一摩擦面处理工艺、同批制作，使用同一性能等级的高强度螺栓连接副，并在相同条件下同批发运。

（3）抗滑移系数试件的设计应考虑摩擦面在滑移之前，试件钢板的净截面仍处于弹性状态。

（4）抗滑移系数应在拉力试验机上进行并测出其滑移荷载；试验时，试件的轴线应与试验机夹具中心严格对中。

（5）抗滑移系数μ应按《钢结构高强度螺栓连接技术规程》（JGJ 82—2011）（式 6.3.3）计算，抗滑移系数μ的计算结果应精确到小数点后 2 位。

（6）抗滑移系数检验的最小值必须大于或等于设计规定值。当不符合上述规定时，构件摩擦面应重新处理。处理后的构件摩擦面应按以上规定重新检验。

5.2.8 地基、房心或肥槽回填土回填检验报告。

【依据】

《建筑地基基础工程施工质量验收标准》（GB 50202—2018）、《建筑地基基础设计规范》（GB 50007—2011）。

【解读】

取样在压实填土的过程中，应分层取样检验土的干密度和含水量。每50～100m² 面积内应有1个检验点，根据检验结果求得压实系数。采用环刀法取土样检验垫层的质量时，对大基坑每50～100m² 应不少于1个检验点；对基槽每10～20m 应不少于1个点；每单独柱基应不少于1个点。填料应符合设计要求，不得含有影响填筑质量的杂物。基坑填筑应分层回填、分层夯实。

检查数量：全数检查。

检验方法：观察、检查回填压实度报告和施工记录。

5.2.9 沉降观测报告。

建筑物沉降观测报告

扫码观看相关资料

【依据】

《建筑地基处理技术规范》（JGJ 79—2012）、《建筑变形测量规范》（JGJ 8—2016）、《工程测量标准》（GB 50026—2020）。

【解读】

沉降观测应测定建筑的沉降量、沉降差及沉降速率，并应根据需要计算基础倾斜、局部倾斜、相对弯曲及构件倾斜。

沉降观测的周期和观测时间，可按下列要求并结合具体情况确定。

（1）建筑物施工阶段的观测，应随施工进度及时进行。一般建筑，可在基础完工后或地下室砌完后开始观测，大型、高层建筑，可在基础垫层或基础底部完成后开始观测。观测次数与间隔时间应视地基与加荷情况而定。民用建筑可每加高1～5层观测一次；工业建筑可按不同施工阶段（如回填基坑、安装柱子和屋架、砌筑墙体、设备安装等）分别进行观测。如建筑物均匀增高，应至少在增加荷载的25%、50%、75%和100%时各测一次。施工过程中如暂时停工，在停工时及重新开工时应各观测一次。停工期间，可每隔2～3个月观测一次。

（2）建筑物使用阶段的观测次数，应视地基土类型和沉降速度大小而定。除有特殊要求者外，一般情况下，可在第一年观测3～4次，第二年观测2～3次，第三年后每年1次，直至稳定为止。观测期限一般不少于如下规定：砂土地基2年，膨胀土地基3年，黏土地基5年，软土地基10年。

（3）在观测过程中，如有基础附近地面荷载突然增减、基础四周大量积水、长时间连续降雨等情况，均应及时增加观测次数。当建筑物突然发生大量沉降、不均匀沉降或严重裂缝时，应立即进行逐日或几天一次的连续观测。

（4）沉降是否进入稳定阶段，应由沉降量与时间关系曲线判定。对重点观测和科研观测工程，若最后三个周期观测中每周期沉降量不大于2倍测量中误差可认为已进入稳定阶段。一般观测工程，若沉降速度小于0.01～0.04mm/d，可认为已进入稳定阶段，具体取值宜根据各地区地基土的压缩性确定。

每周期观测后，应及时对观测资料进行整理，计算观测点的沉降量、沉降差以及本周期平均沉降量和沉降速度。

5.2.10 填充墙砌体植筋锚固力检测报告。

填充墙砌体植筋锚
固力检测报告

扫码观看相关资料

【依据】

《砌体结构工程施工质量验收规范》（GB 50203—2011）。

【解读】

填充墙与承重墙、柱、梁的连接钢筋，当采用化学植筋的连接方式时，应进行实体检测。锚固钢筋拉拔试验的轴向受拉非破坏承载力检验值应为 6.0kN。抽检钢筋在检验值作用下应基材无裂缝、钢筋无滑移宏观裂损；持荷 2min 期间，荷载值降低不大于 5%。填充墙砌体植筋锚固力检测记录可按表 5-2 填写。

表 5-2　填充墙砌体植筋锚固力检测记录

共　页　第　页

工程名称		分项工程名称		植筋日期	
施工单位		项目经理			
分包单位		施工班组组长		检测日期	
检测执行标准及编号					
试件编号	实测荷载/kN	检测部位		检测结果	
		轴线	层	完好	不符合要求情况
监理（建设）单位验收结论					
备注	1. 植筋埋置深度（设计）：　　mm； 2. 设备型号：　　； 3. 基材混凝土设计强度等级为（C　）； 4. 锚固钢筋拉拔承载力检验值：6.0kN。				

5.2.11 结构实体检验报告。

结构实体检测
报告

扫码观看相关资料

【依据】

《混凝土结构工程施工质量验收规范》（GB 50204—2015）。

【解读】

对涉及混凝土结构安全的有代表性的部位应进行结构实体检验。结构实体检验应包括混凝土强度、钢筋保护层厚度、结构位置与尺寸偏差以及合同约定的项目，必要时可检验其他项目。

结构实体检验应由监理单位组织施工单位实施，并见证实施过程。施工单位应制定结构实体检验专项方案，并经监理单位审核批准后实施。除结构位置与尺寸偏差外的结构实体检验项目，应由具有相应资质的检测机构完成。

5.2.12 外墙外保温系统型式检验报告。

外墙外保温系统型式
检验报告

扫码观看相关资料

【依据】

《建筑节能工程施工质量验收标准》（GB 50411—2019）。

【解读】

外墙外保温工程应采用预制构件、定型产品或成套技术，并应由同一供应商提供配套的组成材料和型式检验报告。型式检验报告中应包括耐候性和抗风压性能检验项目以及配套组成材料的名称、生产单位、规格型号及主要性能参数。

5.2.13 外墙外保温粘贴强度、锚固力现场拉拔试验报告。

外墙外保温板粘贴
强度试验报告

扫码观看相关资料

【依据】

《建筑节能工程施工质量验收标准》（GB 50411—2019）、《外墙外保温工程技术标准》（JGJ 144—2019）。

【解读】

保温板材与基层之间及各构造层之间的黏结或连接必须牢固。保温板材与基层的连接方式、拉伸黏结强度和黏结面积比应符合设计要求。保温板材与基层之间的拉伸黏结强度应进行现场拉拔试验，且不得在界面破坏。黏结面积比应进行剥离检验。

当保温层采用锚固件固定时，锚固件数量、位置、锚固深度、胶结材料性能和锚固力应符合设计和施工方案的要求；保温装饰板的锚固件应使其装饰面板可靠固定；锚固力应做现场拉拔试验。

建筑外窗物理
性能检测报告
扫码观看相关资料

5.2.14 外窗的性能检测报告。

【依据】

《建筑节能工程施工质量验收标准》（GB 50411—2019）、《建筑外门窗气密、水密、抗风压性能检测方法》（GB/T 7106—2019）。

【解读】

门窗（包括天窗）节能工程使用的材料、构件进场时，应按工程所处的气候区核查质量证明文件、节能性能标识证书、门窗节能性能计算书、复验报告，并应对下列性能进行复验，复验应为见证取样检验：

（1）严寒、寒冷地区：门窗的传热系数、气密性能。

（2）夏热冬冷地区：门窗的传热系数气密性能，玻璃的遮阳系数、可见光透射比。

（3）夏热冬暖地区：门窗的气密性能，玻璃的遮阳系数、可见光透射比。

（4）严寒、寒冷、夏热冬冷和夏热冬暖地区：透光、部分透光遮阳材料的太阳光透射比、太阳光反射比，中空玻璃的密封性能。

外窗的性能检测报告至少应包括下列内容：

（1）试件的名称、系列、型号、主要尺寸及图样（包括试件立面、剖面和主要节点，型材和密封条的截面、排水构造及排水孔的位置、主要受力构件的尺寸以及可开启部分的开启方式和五金件的种类、数量及位置）。

（2）工程检测时应注明工程名称、工程所在地、工程设计要求。

（3）玻璃品种、厚度及镶嵌方法。

（4）明确注明有无密封条。如有密封条则应注明密封条的材质。

（5）明确注明有无采用密封胶类材料填缝。如采用则应注明密封材料的材质。

（6）五金配件的配置。

（7）气密性能单位缝长及面积的计算结果，正负压所属级别，压力差与空气渗透量的关系曲线图。工程检测时说明是否符合工程设计要求。

（8）水密性能最高未渗漏压力差值及所属级别。注明检测的加压方法、淋水量、出现渗漏时的状态及部位。以一次加压（按符合设计要求）或逐级加压（按定级）检测结果进行定级。工程检测时说明是否符合工程设计要求。

（9）抗风压性能定级检测给出 P_1、P_2、P_3、P_{max} 值及所属级别。工程检测给出 P_1'、P_2'、P_3'、P_{max}' 值，并说明是否满足工程设计要求。主要受力构件的挠度和状况，以压力差和挠度的关系曲线图表示检测记录值。

5.2.15 幕墙的性能检测报告。

建筑幕墙性能
检测报告
扫码观看相关资料

【依据】

《建筑装饰装修工程质量验收标准》（GB 50210—2018）、《建筑幕墙气密、水密、抗风压性能检测方法》（GB/T 15227—2019）。

🔴【解读】

（1）幕墙工程验收时应检查下列文件和记录：

① 幕墙工程的施工图、结构计算书、热工性能计算书、设计变更文件、设计说明及其他设计文件。

② 建筑设计单位对幕墙工程设计的确认文件。

③ 幕墙工程所用材料、构件、组件、紧固件及其他附件的产品合格证书、性能检验报告、进场验收记录和复验报告。

④ 幕墙工程所用硅酮结构胶的抽查合格证明；国家批准的检测机构出具的硅酮（聚硅氧烷）结构胶相容性和剥离黏结性检验报告；石材用密封胶的耐污染性检验报告。

⑤ 后置埋件和槽式预埋件的现场拉拔力检验报告。

⑥ 封闭式幕墙的气密性能、水密性能、抗风压性能及层间变形性能检验报告。

⑦ 注胶、养护环境的温度、湿度记录；双组分硅酮（聚硅氧烷）结构胶的混匀性试验记录及拉断试验记录。

⑧ 幕墙与主体结构防雷接地点之间的电阻检测记录。

⑨ 隐蔽工程验收记录。

⑩ 幕墙构件、组件和面板的加工制作检验记录。

⑪ 幕墙安装施工记录。

⑫ 张拉杆索体系预拉力张拉记录。

⑬ 现场淋水检验记录。

（2）幕墙性能检测报告至少应包括下列内容：

① 试件的名称、系列、型号、主要尺寸及图样（包括试件立面、剖面和主要节点，型材和密封条的截面、排水构造及排水孔的位置、试件的支承体系、主要受力构件的尺寸以及可开启部分的开启方式和五金件的种类、数量及位置）。

② 面板的种类、厚度、最大尺寸和安装方法。

③ 密封材料的材质和牌号。

④ 附件的名称、材质和配置。

⑤ 试件可开启部分与试件总面积的比例。

⑥ 点支式玻璃幕墙的拉索预拉力设计值。

⑦ 试件单位面积和单位开启缝长的空气渗透量正负压计算结果及所属级别。

⑧ 水密检测的加压方法，出现渗漏时的状态及部位。定级检测时应注明所属级别，工程检测时应注明检测结论。

⑨ 主要受力构件在变形检测、反复加压检测、安全检测时的挠度和状况。

⑩ 检测用的主要仪器设备。

⑪ 检测室的空气温度和大气压力。

⑫ 对试件所做的任何修改应注明。

⑬ 检测日期和检测人员。

5.2.16 饰面板后置埋件的现场拉拔试验报告。

幕墙工程后置埋件现场
拉拔检测报告填写
要求

扫码观看相关资料

📑【依据】────────────

《建筑装饰装修工程质量验收标准》（GB 50210—2018）。

📖【解读】────────────

（1）幕墙工程后置埋件应有现场拉拔试验报告。其现场拉拔强度属于涉及安全和功能的重要检测项目，是进行工程验收的必要资料。

（2）锚固螺栓现场拉拔试验应按标准要求进行，现场抽查，10个螺栓为一组，工程用螺栓总数在5000个以下，检一组；5000个到10000个之间，检二组；多于10000个，检三组。应随机抽取最不利位置的螺栓。

（3）建筑幕墙设计单位必须提供单个螺栓的锚固力设计计算值 F，现场检测时对螺栓进行拉拔的锚固力标准值为设计计算值 F 乘以安全系数 K，$F \leqslant 3kN$ 时，$K=2.0$；$3kN < F \leqslant 4kN$ 时，$K=1.8$；$F > 4kN$ 时，$K=1.6$。

（4）检测结果不小于标准的，单向评定为合格。

（5）在检测试件中，若由一个或两个螺栓的锚固力低于锚固力验收值而破坏，要加倍螺栓数量复检，并分析破坏原因。在复检中若仍有螺栓的锚固力不合格，则对该工程锚固螺栓锚固力检测结论评定为不合格。在检测试件中若由三个螺栓的锚固力低于锚固力验收值而破坏，则对该工程锚固螺栓锚固力检测结论评定为不合格，不再进行复检。

5.2.17 室内环境污染物浓度检测报告。

室内环境污染物浓度
检测报告

📑【依据】────────────

《民用建筑工程室内环境污染控制标准》（GB 50325—2020）。

扫码观看相关资料

📖【解读】────────────

民用建筑工程验收时，必须进行室内环境污染物浓度检测，其限量应符合表5-3规定。

表 5-3　民用建筑室内环境污染物浓度限量

污染物	I 类民用建筑工程	II 类民用建筑工程
氡/（Bq/m³）	≤150	≤150
甲醛/（mg/m³）	≤0.07	≤0.08
氨/（mg/m³）	≤0.15	≤0.20
苯/（mg/m³）	≤0.06	≤0.09
甲苯/（mg/m³）	≤0.15	≤0.20
二甲苯/（mg/m³）	≤0.20	≤0.20
TVOC/（mg/m³）	≤0.45	≤0.50

注：1. 污染物浓度测量值，除氡外均指室内污染物浓度测量值扣除室外上风向空气中污染物浓度测量值（本底值）后的测量值。

2. 污染物浓度测量值的极限值判定，采用全数值比较法。

5.2.18 风管强度及严密性检测报告。

风管严密性和强度
检测报告

扫码观看相关资料

【依据】

《通风与空调工程施工质量验收规范》（GB 50243—2016）、《通风与空调工程施工规范》（GB 50738—2011）。

【解读】

（1）风管应根据设计和本规范的要求，进行风管强度及严密性的测试。

（2）风管强度应满足微压和低压风管在1.5倍的工作压力，中压风管在1.2倍的工作压力且不低于750Pa，高压风管在1.2倍的工作压力下，保持5min及以上，接缝处无开裂，整体结构无永久性的变形及损伤为合格。

（3）风管的严密性测试应分为观感质量检验与漏风量检测。观感质量检验可应用于微压风管，也可作为其他压力风管工艺质量的检验，结构严密与无明显穿透的缝隙和孔洞应为合格。漏风量检测应为在规定工作压力下，对风管系统漏风量的测定和验证，漏风量不大于规定值应为合格。系统风管漏风量的检测，应以总管和干管为主，宜采用分段检测，汇总综合分析的方法。检验样本风管宜为3节及以上组成，且总表面积不应少于15m^2。

（4）测试的仪器应在检验合格的有效期内。测试方法应符合《通风与空调工程施工质量验收规范》（GB 50243—2016）的要求。

（5）净化空调系统风管漏风量测试时，高压风管和空气洁净度等级为1～5级的系统应按高压风管进行检测，工作压力不大于1500Pa的6～9级的系统应按中压风管进行检测。

5.2.19 管道系统强度及严密性试验报告。

管道系统强度及严密
性试验记录

扫码观看相关资料

【依据】

《通风与空调工程施工质量验收规范》（GB 50243—2016）、《通风与空调工程施工规范》（GB 50738—2011）。

【解读】

通风与空调系统检测与试验项目应包括下列内容：

（1）风管批量制作前，对风管制作工艺进行验证试验时，应进行风管强度与严密性试验。

（2）风管系统安装完成后，应对安装后的主、干风管分段进行严密性试验，应包括漏光检测和漏风量检测。

（3）水系统阀门进场后，应进行强度与严密性试验。

（4）水系统管道安装完毕，外观检查合格后，应进行水压试验。

（5）冷凝水管道系统安装完毕，外观检查合格后，应进行通水试验。

（6）水系统管道水压试验合格后，在与制冷机组、空调设备连接前，应进行管道系统冲洗试验。

（7）开式水箱（罐）在连接管道前，应进行满水试验；换热器及密闭容器在连接管道前，应进行水压试验。

（8）风机盘管进场检验时，应进行水压试验。

（9）制冷剂管道系统安装完毕，外观检查合格后，应进行吹污、气密性和抽真空试验。

（10）通风与空调设备进场检验时，应进行电气检测与试验。

5.2.20　风管系统漏风量、总风量、风口风量测试报告。

风管系统漏风量
测试记录

扫码观看相关资料

【依据】

《采暖通风与空气调节工程检测技术规程》（JGJ/T 260—2011）、《通风与空调工程施工质量验收规范》（GB 50243—2016）。

【解读】

风管系统漏风量、总风量、风口风量应通过工艺性的检测或验证，漏风量、总风量、风口风量要求应符合相关规定。

【如何做】

应用示例：

（1）某建筑工程中安装了45个通风系统，受检方申报风量不满足设计要求的系统数量不超过3个，已达到主控项目的质量要求。试确定抽样方案。

【解答】：《通风与空调工程施工质量验收规范》（GB 50243—2016）规定系统风量为主控项目，使用该规范表 B.0.2-1，由 $N = 45$，$DQL = 3$，查表得到抽样量 $n=6$。从45个通风系统中随机抽取 6 个系统进行风量检查，若其中没有或只有 1 个系统的风量小于设计风量，则判核查通过，该检验批"合格"；否则，判该检验批"不合格"。

（2）某检验批中有 115 台风机盘管机组，申报该批产品的风量合格率在 95% 以上，已达到主控项目的质量要求。欲采用抽样方法核查该声称质量是否符合实际，求抽样量。

【解答】：计算声称的不合格品数 $DQL=115×（1-0.95）= 5$（取整）。

《通风与空调工程施工质量验收规范》（GB 50243—2016）规定风机盘管机组风量为主控项目，使用该规范表 B.0.2-1 确定抽样方案。因 $N=115$，介于 110 与 120 之间，查表时取 $N=120$，$DQL=5$，查表得到抽样量 $n=10$。

（3）某建筑物的通风、空调、防排烟系统的中压风管面积总和为 12500m²，申报风管漏风量的质量水平为合格率 95% 以上，已达到主控项目的质量要求。使用漏风量仪抽查风管的漏风量是否满足规范的要求，漏风仪的风机风量适用于每次检查中压风管 100m²，试确定抽样方案。

【解答】：以 $100m^2$ 风管为单位产品，需核查的产品批量 $N=12500/100=125$，对应的不合格品数 DQL$=125\times（1-0.95）=6$（取整）。

5.2.21 空调水流量、水温、室内环境温度、湿度、噪声检测报告。

【依据】

《通风与空调工程施工质量验收规范》（GB 50243—2016）。

系统及空调机组
水流量调试记录

扫码观看相关资料

【解读】

（1）系统非设计满负荷条件下的联合试运转及调试应符合下列规定：

① 系统总风量调试结果与设计风量的允许偏差应为 $-5\%\sim+10\%$，建筑内各区域的压差应符合设计要求。

② 变风量空调系统联合调试应符合下列规定：

a. 系统空气处理机组应在设计参数范围内对风机实现变频调速。

b. 空气处理机组在设计机外余压条件下，系统总风量应满足本条文第 1 款的要求，新风量的允许偏差应为 $0\sim+10\%$。

c. 变风量末端装置的最大风量调试结果与设计风量的允许偏差应为 $0\sim+15\%$。

d. 改变各空调区域运行工况或室内温度设定参数时，该区域变风量末端装置的风阀（风机）动作（运行）应正确。

e. 改变室内温度设定参数或关闭部分房间空调末端装置时，空气处理机组应自动正确地改变风量。

f. 应正确显示系统的状态参数。

g. 空调冷（热）水系统、冷却水系统的总流量与设计流量的偏差不应大于 10%。

h. 制冷（热泵）机组进出口处的水温应符合设计要求。

i. 地源（水源）热泵换热器的水温与流量应符合设计要求。

j. 舒适空调与恒温、恒湿空调室内的空气温度、相对湿度及波动范围应符合或优于设计要求。

（2）空调系统非设计满负荷条件下的联合试运转及调试应符合下列规定：

① 空调水系统应排除管道系统中的空气，系统连续运行应正常平稳，水泵的流量、压差和水泵电机的电流不应出现 10% 以上的波动。

② 水系统平衡调整后，定流量系统的各空气处理机组的水流量应符合设计要求，允许偏差应为 15%；变流量系统的各空气处理机组的水流量应符合设计要求，允许偏差应为 10%。

③ 冷水机组的供回水温度和冷却塔的出水温度应符合设计要求；多台制冷机或冷却塔并联运行时，各台制冷机及冷却塔的水流量与设计流量的偏差不应大于 10%。

④ 舒适性空调的室内温度应优于或等于设计要求，恒温恒湿和净化空调的室内温、湿度应符合设计要求。

⑤ 室内（包括净化区域）噪声应符合设计要求，测定结果可采用 Nc 或 dB（A）的表达方式。

⑥ 环境噪声有要求的场所，制冷、空调设备机组应按现行国家标准《采暖通风与空气调节设备噪声声功率级的测定工程法》的有关规定进行测定。

⑦ 压差有要求的房间、厅堂与其他相邻房间之间的气流流向应正确。

5.3　施工记录

5.3.1　水泥进场验收记录及见证取样和送检记录。

【依据】

《建筑工程资料管理规程》（JGJ/T 185—2009）。

【解读】

见证记录见表 5-4。

表 5-4　见证记录

工程名称			编号	
样品名称		试件编号		取样数量
取样部位/地点		取样日期		
见证取样说明				
见证取样和送检印章				
签字栏	取样人员		见证人员	

5.3.2 钢筋进场验收记录及见证取样和送检记录。

📑【依据】————————————————————————

《建筑工程资料管理规程》（JGJ/T 185—2009）。

💲【解读】————————————————————————

同 5.3.1【解读】。

5.3.3 混凝土及砂浆进场验收记录及见证取样和送检记录。

📑【依据】————————————————————————

《建筑工程资料管理规程》（JGJ/T 185—2009）。

💲【解读】————————————————————————

同 5.3.1【解读】。

5.3.4 砖、砌块进场验收记录及见证取样和送检记录。

📑【依据】————————————————————————

《建筑工程资料管理规程》（JGJ/T 185—2009）。

💲【解读】————————————————————————

同 5.3.1【解读】。

5.3.5 钢结构用钢材、焊接材料、紧固件、涂装材料等进场验收记录及见证取样和送检记录。

📑【依据】————————————————————————

《建筑工程资料管理规程》（JGJ/T 185—2009）。

💲【解读】————————————————————————

同 5.3.1【解读】。

5.3.6 防水材料进场验收记录及见证取样和送检记录。

【依据】

《建筑工程资料管理规程》（JGJ/T 185—2009）。

【解读】

同 5.3.1【解读】。

5.3.7 桩基试桩、成桩记录。

【依据】

《市政基础设施工程施工技术文件管理规定》。

【如何做】

桩基施工记录：

桩基施工记录应附有桩位平面示意图。分包桩基施工的单位，应将施工记录全部移交给总包单位。

打桩记录：

（1）有试桩要求的应有试桩或试验记录。

（2）打桩记录应记入桩的锤击数、贯入度、打桩过程中出现的异常情况等。

钻孔（挖孔）灌注桩记录：

（1）钻孔桩（挖孔桩）钻进记录。

（2）成孔质量检查记录。

（3）桩混凝土灌注记录。

5.3.8 混凝土施工记录。

【依据】

《混凝土结构工程施工质量验收规范》（GB 50204—2015）、《装配式混凝土建筑技术标准》（GB/T 51231—2016）。

【解读】

（1）《混凝土结构工程施工质量验收规范》（GB 50204—2015）：

资料检查应包括材料、构配件、器具及半成品等的进场验收资料、重要工序施工记录、抽样检验报告、隐蔽工程验收记录等。

（2）《装配式混凝土建筑技术标准》（GB/T 51231—2016）：

预制构件的资料应与产品生产同步形成、收集和整理，归档资料宜包括以下内容：

预制混凝土构件加工合同；预制混凝土构件加工图纸、设计文件、设计洽商、变更或交底文件；生产方案和质量计划等文件；原材料质量证明文件、复试试验记录和试验报告；混凝土试配资料；混凝土配合比通知单；混凝土开盘鉴定；混凝土强度报告；钢筋检验资料、钢筋接头的试验报告；模具检验资料；预应力施工记录；混凝土浇筑记录；混凝土养护记录；构件检验记录；构件性能检测报告；构件出厂合格证；质量事故分析和处理资料；其他与预制混凝土构件生产和质量有关的重要文件资料。

5.3.9　冬期混凝土施工测温记录。

【依据】

《混凝土结构工程施工规范》（GB 50666—2011）、《建筑工程冬期施工规程》（JGJ/T 104—2011）。

【解读】

（1）《混凝土结构工程施工规范》（GB 50666—2011）：

混凝土冬期施工期间，应按国家现行有关标准的规定对混凝土拌合水温度、外加剂溶液温度、骨料温度、混凝土出机温度、浇筑温度、入模温度，以及养护期间混凝土内部和大气温度进行测量。

（2）《建筑工程冬期施工规程》（JGJ/T 104—2011）：

模板外和混凝土表面覆盖的保温层，不应采用潮湿状态的材料，也不应将保温材料直接铺盖在潮湿的混凝土表面，新浇混凝土表面应铺一层塑料薄膜。

采用加热养护的整体结构，浇筑程序和施工缝位置的设置，应采取能防止产生较大温度应力的措施。当加热温度超过45℃时，应进行温度应力核算。

型钢混凝土组合结构，浇筑混凝土前应对型钢进行预热，预热温度宜大于混凝土入模温度。

【如何做】

冬期施工时，宜对拌合水、骨料进行加热，但拌合水温度不宜超过60℃、骨料温度不宜超过40℃；水泥、外加剂、掺合料不得直接加热。

混凝土拌合物的出机温度不宜低于10℃，入模温度不应低于5℃；预拌混凝土或需远距离运输的混凝土，混凝土拌合物的出机温度可根据距离经热工计算确定，但不宜低于15℃。大体积混凝土的入模温度可根据实际情况适当降低。

5.3.10　大体积混凝土施工测温记录。

【依据】

《大体积混凝土温度测控技术规范》（GB/T 51028—2015）、《大体积混凝土施工标准》（GB

50496—2018）。

【解读】

　　大体积混凝土浇筑前，应根据混凝土的热工计算结果和温度控制要求，编制测温方案。测温方案应包括：测位、测点布置、主要仪器设备、养护方案、异常情况下的应急措施等；当采取水冷却工艺进行混凝土内部温度控制时，尚应编制专项方案。

　　大体积混凝土浇筑后，应根据实测的试样混凝土温度曲线和实时温度监测结果，调整和改进保温、保湿养护措施。

　　大体积混凝土施工过程中应监测混凝土拌合物温度、内部温度、环境温度、冷却水温度，同时监控混凝土表里温差和降温速率。

【如何做】

　　大体积混凝土浇筑体里表温差、降温速率及环境温度的测试，在混凝土浇筑后，每昼夜不应少于4次；入模温度测量，每台班不应少于2次。

　　大体积混凝土浇筑体内监测点布置，应反映混凝土浇筑体内最高温升、里表温差、降温速率及环境温度，可采用下列布置方式：

　　（1）测试区可选混凝土浇筑体平面对称轴线的半条轴线，测试区内监测点应按平面分层布置。

　　（2）测试区内，监测点的位置与数量可根据混凝土浇筑体内温度场的分布情况及温控的规定确定。

　　（3）在每条测试轴线上，监测点位不宜少于4处，应根据结构的平面尺寸布置。

　　（4）沿混凝土浇筑体厚度方向，应至少布置表层、底层和中心温度测点，测点间距不宜大于500mm。

　　（5）保温养护效果及环境温度监测点数量应根据具体需要确定。

　　（6）混凝土浇筑体表层温度，宜为混凝土浇筑体表面以内50mm处的温度。

　　（7）混凝土浇筑体底层温度，宜为混凝土浇筑体底面以上50mm处的温度。

5.3.11　预应力钢筋的张拉、安装和灌浆记录。

【依据】

《混凝土结构工程施工规范》（GB 50666—2011）。

【解读】

　　预应力筋、预留孔道、锚垫板和锚固区加强钢筋的安装应进行下列检查：预应力筋的外观、品种、级别、规格、数量和位置等。预应力筋张拉或放张应进行下列检查：预应力筋张拉检查及记录。灌浆用水泥浆及灌浆应进行下列检查：灌浆质量检查及灌浆记录。

5.3.12 预制构件吊装施工记录。

📑【依据】

《混凝土结构工程施工规范》（GB 50666—2011）。

📖【解读】

预制构件安装连接应进行下列检查：

（1）应核对已施工完成结构的混凝土强度、外观质量、尺寸偏差等符合设计要求和《混凝土结构工程施工规范》（GB 50666—2011）的有关规定。

（2）应核对预制构件混凝土强度及预制构件和配件的型号、规格、数量等符合设计要求。

（3）应在已施工完成结构及预制构件上进行测量放线，并应设置安装定位标志。

（4）应确认吊装设备及吊具处于安全操作状态。

（5）应核实现场环境、天气、道路状况满足吊装施工要求。

5.3.13 钢结构吊装施工记录。

📑【依据】

《钢-混凝土组合结构施工规范》（GB 50901—2013）。

📖【解读】

在构件的品种和数量较多的情况下，按计划配套加工、运输、进场有利于安装的顺利进行。钢结构安装，首先应根据工程结构特点确定每一吊装单元构件的吊装顺序，绘制吊装顺序图发给现场吊装班组及加工厂。安装单位应根据构件吊装顺序制订计划确定构件进场时间，并提前通知加工厂，加工厂根据安装单位的计划要求陆续运输构件进场。现场仅存放需要安装单元的构件。

构件存放地点的选择与起重设备的起重能力和覆盖范围有关，尽量避免二次倒运。如果存放构件点是在建筑结构上、基坑边坡旁或松软地基上，应对码放高度和堆载进行限量。

5.3.14 钢结构整体垂直度和整体平面弯曲度、钢网架挠度检验记录。

📑【依据】

《钢结构工程施工规范》（GB 50755—2012）、《钢结构工程施工质量验收标准》（GB 50205—2020）。

【解读】

（1）《钢结构工程施工规范》（GB 50755—2012）：

主体结构整体垂直度的允许偏差为 $H/2500+10$mm（H 为高度），但不应大于 50.0mm；整体平面弯曲允许偏差为 $L/1500$（L 为宽度），且不应大于 25.0mm。

高度在 150m 以上的建筑钢结构，整体垂直度宜采用 GPS 或相应方法进行测量复核。

（2）《钢结构工程施工质量验收标准》（GB 50205—2020）：

钢网架、网壳结构总拼完成后及屋面工程完成后应分别测量其挠度值，且所测的挠度值不应超过相应荷载条件下挠度计算值的 1.15 倍。

5.3.15　工程设备、风管系统、管道系统安装及检验记录。

【依据】

《通风与空调工程施工质量验收规范》（GB 50243—2016）。

【解读】

（1）风管系统安装后应进行严密性检验，合格后方能交付下道工序。风管系统严密性检验应以主、干管为主，并应符合《通风与空调工程施工质量验收规范》（GB 50243—2016）附录 C 的规定。

（2）风管系统支、吊架采用膨胀螺栓等胀锚方法固定时，施工应符合该产品技术文件的要求。

（3）净化空调系统风管及其部件的安装，应在该区域的建筑地面工程施工完成，且室内具有防尘措施的条件下进行。

（4）风机与空气处理设备应附带装箱清单、设备说明书、产品质量合格证书和性能检测报告等随机文件，进口设备还应具有商检合格的证明文件。

（5）设备安装前，应进行开箱检查验收，并应形成书面的验收记录。

（6）设备就位前应对其基础进行验收，合格后再安装。

5.3.16　管道系统压力试验记录。

【依据】

《工业有色金属管道工程施工及质量验收规范》（GB/T 51132—2015）。

【解读】

（1）管道系统除绝热施工外的安装工作全部完成并经检验合格后，应进行压力试验。

（2）管道系统应根据设计文件的规定进行压力试验，并应符合下列规定：

① 压力试验前，应编制压力试验方案，并应采取安全措施。

② 压力试验方案应经审批确认后实施。

③ 压力试验前，应对操作人员进行安全、技术交底。

④ 由两种或两种以上材质组成的管道系统，应按不同材质的管道分别进行压力试验。

⑤ 压力等级不同的管道及不宜与管道一起进行压力试验的设备、安全阀、爆破片、仪表等，应实施隔离，并应分别进行压力试验。

（3）除设计文件规定进行气压试验的管道外，管道系统的压力试验应采用液体介质进行，液压试验确有困难时，经设计单位和建设单位同意，可用气压试验代替，并应采取安全措施。

（4）压力试验用的压力表应经过检定，并应在有效期内，精度不应低于 1.6 级，压力表的量程应为被测压力最大值的 1.5～2 倍。压力表不应少于 2 块，并应在压力试验的管道两端各设置 1 块压力表。

（5）压力试验中发生泄漏时，不应带压修复。泄漏消除后，应重新升压进行压力试验。

（6）压力试验介质排放应选择对人或设施无损害的安全地点，并应在专业人员的控制和监视下进行。试验介质排放应符合国家有关安全和环境保护的要求。

（7）在压力试验完成后的管道上进行修补作业或增设物件时，应重新进行压力试验。

（8）管道系统压力试验合格后，应拆除盲板及膨胀节等临时约束装置，并应填写管道系统压力试验记录。

5.3.17 设备单机试运转记录。

📄【依据】

《通风与空调工程施工规范》（GB 50738—2011）。

🔖【解读】

参见《通风与空调工程施工规范》（GB 50738—2011）"16.2 设备单机试运转与调试"的内容。

5.3.18 系统非设计满负荷联合试运转与调试记录。

📄【依据】

《通风与空调工程施工规范》（GB 50738—2011）。

🔖【解读】

参见《通风与空调工程施工规范》（GB 50738—2011）"16.3 系统无生产负荷下的联合试运行与调试"的内容。

5.4　质量验收记录

5.4.1　地基验槽记录。

【依据】

《建筑工程资料管理规程》（JGJ/T 185—2009）。

【解读】

　　地基验槽记录应符合现行国家标准《建筑地基基础工程施工质量验收标准》（GB 50202—2018）的有关规定。施工单位填写的地基验槽记录应一式六份，并应由建设单位、监理单位、勘察单位、设计单位、施工单位、城建档案馆各保存一份。地基验槽记录宜采用表5-5的格式。

表5-5　地基验槽记录

工程名称		编　号	
验槽部位		验槽日期	

依据：施工图号＿＿＿＿＿＿＿＿＿＿＿＿；
　　　设计变更/洽商/技术核定编号＿＿＿＿＿＿＿＿＿及有关规范、规程。

　　　

验槽内容：
1. 基槽开挖至勘探报告第＿＿＿＿＿＿层，持力层为＿＿＿＿＿层。
2. 土质情况＿＿＿＿＿＿＿＿＿＿＿＿＿＿＿＿＿＿＿＿。
3. 基坑位置、平面尺寸＿＿＿＿＿＿＿＿＿＿＿＿＿＿＿。
4. 基底绝对高程和相对标高＿＿＿＿＿＿＿＿＿＿＿。

　　　　　　　　　　　　　　　　　　　　　　申报人：

检查结论：

　　　　　　　　　　　□无异常，可进行下道工序　　　□需要地基处理

签字公章栏	施工单位	勘察单位	设计单位	监理单位	建设单位

5.4.2 桩位偏差和桩顶标高验收记录。

📩【依据】

《建筑工程资料管理规程》（JGJ/T 185—2009）。

📖【解读】

施工单位填写的建筑物垂直度、标高观测记录应一式三份，并应由建设单位、监理单位、施工单位各保存一份。建筑物垂直度、标高观测记录宜采用表5-6的格式。

表5-6 建筑物垂直度、标高观测记录

工程名称		编　号	
施工阶段		观测日期	
观测说明（附观测示意图）			
垂直度测量（全高）		标高测量（全高）	
观测部位	实测偏差/mm	观测部位	实测偏差/mm
结论：			

签字栏	施工单位		专业技术负责人	专业质检员	施测人
	监理或建设单位			专业工程师	

5.4.3 隐蔽工程验收记录。

📩【依据】

《建筑工程资料管理规程》（JGJ/T 185—2009）。

📖【解读】

隐蔽工程验收记录应符合国家相关标准的规定。施工单位填写的隐蔽工程验收记录应一式四份，并应由建设单位、监理单位、施工单位、城建档案馆各保存一份。隐蔽工程验收记录宜采用表5-7的格式。

表 5-7　隐蔽工程验收记录（通用）

工程名称			编　号		
隐检项目			隐检日期		
隐检部位		层		轴线	标高

隐检依据：施工图号_____，设计变更/洽商/技术核定单（编号_____）及有关国家现行标准等。

主要材料名称及规格/型号：_____

隐检内容：

检查结论：

□同意隐蔽　　□不同意隐蔽，修改后复查

复查结论：

复查人：　　　　复查日期：

签字栏	施工单位		专业技术负责人	专业质检员	专业工长
	监理或建设单位			专业工程师	

5.4.4　检验批、分项、子分部、分部工程验收记录。

【依据】

《建筑工程施工质量验收统一标准》（GB 50300—2013）。

【解读】

建筑工程施工质量验收记录可按下列规定填写：

（1）检验批质量验收记录可按《建筑工程施工质量验收统一标准》（GB 50300—2013）附录 E 填写，填写时应具有现场验收检查原始记录。

（2）分项工程质量验收记录可按《建筑工程施工质量验收统一标准》（GB 50300—2013）附录 F 填写。

（3）分部工程质量验收记录可按《建筑工程施工质量验收统一标准》（GB 50300—2013）附录 G 填写。

5.4.5 观感质量综合检查记录

【依据】

《建筑工程施工质量验收统一标准》（GB 50300—2013）。

【解读】

单位工程观感质量检查记录见表 5-8。

表 5-8 单位工程观感质量检查记录

工程名称			施工单位	
序号	项目		抽查质量状况	
1	建筑与结构	主体结构外观	共检查　点，好　点，一般　点，差　点	
2		室外墙面	共检查　点，好　点，一般　点，差　点	
3		变形缝、雨水管	共检查　点，好　点，一般　点，差　点	
4		屋面	共检查　点，好　点，一般　点，差　点	
5		室内墙面	共检查　点，好　点，一般　点，差　点	
6		室内顶棚	共检查　点，好　点，一般　点，差　点	
7		室内地面	共检查　点，好　点，一般　点，差　点	
8		楼梯、踏步、护栏	共检查　点，好　点，一般　点，差　点	
9		门窗	共检查　点，好　点，一般　点，差　点	
10		雨罩、台阶、坡道、散水	共检查　点，好　点，一般　点，差　点	
1	给水排水与供暖	管道接口、坡度、支架	共检查　点，好　点，一般　点，差　点	
2		卫生器具、支架、阀门	共检查　点，好　点，一般　点，差　点	
3		检查口、扫除口、地漏	共检查　点，好　点，一般　点，差　点	
4		散热器、支架	共检查　点，好　点，一般　点，差　点	
1	通风与空调	风管、支架	共检查　点，好　点，一般　点，差　点	
2		风口、风阀	共检查　点，好　点，一般　点，差　点	
3		风机、空调设备	共检查　点，好　点，一般　点，差　点	
4		管道、阀门、支架	共检查　点，好　点，一般　点，差　点	
5		水泵、冷却塔	共检查　点，好　点，一般　点，差　点	
6		绝热	共检查　点，好　点，一般　点，差　点	
1	建筑电气	配电箱、盘、板、接线盒	共检查　点，好　点，一般　点，差　点	
2		设备器具、开关、插座	共检查　点，好　点，一般　点，差　点	
3		防雷、接地、防火	共检查　点，好　点，一般　点，差　点	
1	智能建筑	机房设备安装及布局	共检查　点，好　点，一般　点，差　点	
2		现场设备安装	共检查　点，好　点，一般　点，差　点	

续表

工程名称			施工单位	
序号	项目		抽查质量状况	
1	电梯	运行、平层、开关门	共检查　点，好　点，一般　点，差　点	
2		层门、信号系统	共检查　点，好　点，一般　点，差　点	
3		机房	共检查　点，好　点，一般　点，差　点	
观感质量综合评价				

结论：
施工单位项目负责人：　　　　　　　总监理工程师：
　　　　　　年 月 日　　　　　　　　　　年 月 日

5.4.6　工程竣工验收记录。

【依据】

《建筑工程施工质量验收统一标准》（GB 50300—2013）。

【解读】

单位工程质量竣工验收应按表 5-9 记录，验收记录由施工单位填写，验收结论由监理单位填写。综合验收结论经参加验收各方共同商定，由建设单位填写，应对工程质量是否符合设计文件和相关标准的规定及总体质量水平作出评价。

表 5-9　单位工程质量竣工验收记录

工程名称		结构类型		层数/建筑面积	
施工单位		技术负责人		开工日期	
项目负责人		项目技术负责人		完工日期	
序号	项目	验收记录		验收结论	
1	分部工程验收	共　　分部，经查符合设计及标准规定　　分部			
2	质量控制资料核查	共　项，经核查符合规定　项			
3	安全和使用功能核查及抽查结果	共核查　项，符合规定　项，共抽查　项，符合规定　项，经返工处理符合规定　项			
4	观感质量验收	共抽查　项，达到"好"和"一般"的　项。经返修处理符合要求的　项			
综合验收结论					

参加验收单位	建设单位	监理单位	施工单位	设计单位	勘察单位
	（公章） 项目负责人： 　年 月 日	（公章） 项目负责人： 　年 月 日	（公章） 项目负责人： 　年 月 日	（公章） 项目负责人： 　年 月 日	（公章） 项目负责人： 　年 月 日

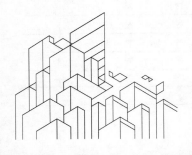

6 安全管理资料

6.1 危险性较大的分部分项工程资料

6.1.1 危险性较大的分部分项工程清单及相应的安全管理措施。

危险性较大的分部分项
工程清单和安全
管理措施

扫码观看相关资料

【依据】

《危险性较大的分部分项工程安全管理规定》（住房和城乡建设部令第 37 号）。

【解读】

（1）建设单位应当组织勘察、设计等单位在施工招标文件中列出危大工程清单，要求施工单位在投标时补充完善危大工程清单并明确相应的安全管理措施。

（2）施工、监理单位应当建立危大工程安全管理档案。施工单位应当将专项施工方案及审核、专家论证、交底、现场检查、验收及整改等相关资料纳入档案管理。监理单位应当将监理实施细则、专项施工方案审查、专项巡视检查、验收及整改等相关资料纳入档案管理。

6.1.2 危险性较大的分部分项工程专项施工方案及审批手续。

【依据】

《危险性较大的分部分项工程安全管理规定》（住房和城乡建设部令第 37 号）。

【解读】

（1）施工单位应当在危大工程施工前组织工程技术人员编制专项施工方案。实行施工总承包的，专项施工方案应当由施工总承包单位组织编制。危大工程实行分包的，专项施工方案可以由相关专业分包单位组织编制。

（2）专项施工方案应当由施工单位技术负责人审核签字、加盖单位公章，并由总监理工程师审查签字、加盖执业印章后方可实施。危大工程实行分包并由分包单位编制专项施工方案的，专项施工方案应当由总承包单位技术负责人及分包单位技术负责人共同审核签字并加盖单位公章。

6.1.3　危险性较大的分部分项工程专项施工方案变更手续。

【依据】

《危险性较大的分部分项工程安全管理规定》（住房和城乡建设部令第37号）。

【解读】

（1）专家论证会后，应当形成论证报告，对专项施工方案提出通过、修改后通过或者不通过的一致意见。专家对论证报告负责并签字确认。专项施工方案经论证需修改后通过的，施工单位应当根据论证报告修改完善后，重新履行《危险性较大的分部分项工程安全管理规定》第十一条的程序。专项施工方案经论证不通过的，施工单位修改后应当按照《危险性较大的分部分项工程安全管理规定》的要求重新组织专家论证。

（2）施工单位应当严格按照专项施工方案组织施工，不得擅自修改专项施工方案。因规划调整、设计变更等原因确需调整的，修改后的专项施工方案应当按照本规定重新审核和论证。涉及资金或者工期调整的，建设单位应当按照约定予以调整。

6.1.4　专家论证相关资料。

【依据】

《危险性较大的分部分项工程安全管理规定》（住房和城乡建设部令第37号）。

【解读】

对于超过一定规模的危大工程，施工单位应当组织召开专家论证会对专项施工方案进行论证。实行施工总承包的，由施工总承包单位组织召开专家论证会。专家论证前专项施工方案应当通过施工单位审核和总监理工程师审查。专家应当从地方人民政府住房和城乡建设主管部门建立的专家库中选取，符合专业要求且人数不得少于5名。与本工程有利害关系的人员不得以专家身份参加专家论证会。

6.1.5　危险性较大的分部分项工程方案交底及安全技术交底。

📑【依据】

《危险性较大的分部分项工程安全管理规定》（住房和城乡建设部令第 37 号）。

📋【解读】

专项施工方案实施前，编制人员或者项目技术负责人应当向施工现场管理人员进行方案交底。

施工现场管理人员应当向作业人员进行安全技术交底，并由双方和项目专职安全生产管理人员共同签字确认。

6.1.6　危险性较大的分部分项工程施工作业人员登记记录，项目负责人现场履职记录。

📑【依据】

《危险性较大的分部分项工程安全管理规定》（住房和城乡建设部令第 37 号）。

📋【解读】

施工单位应当对危大工程施工作业人员进行登记，项目负责人应当在施工现场履职。

6.1.7　危险性较大的分部分项工程现场监督记录。

📑【依据】

《危险性较大的分部分项工程安全管理规定》（住房和城乡建设部令第 37 号）。

📋【解读】

项目专职安全生产管理人员应当对专项施工方案实施情况进行现场监督，对未按照专项施工方案施工的，应当要求立即整改，并及时报告项目负责人，项目负责人应当及时组织限期整改。

6.1.8　危险性较大的分部分项工程施工监测和安全巡视记录。

📑【依据】

《危险性较大的分部分项工程安全管理规定》（住房和城乡建设部令第 37 号）。

【解读】

施工单位应当对危大工程施工作业人员进行登记，项目负责人应当在施工现场履职。施工单位应当按照规定对危大工程进行施工监测和安全巡视，发现危及人身安全的紧急情况，应当立即组织作业人员撤离危险区域。

6.1.9 危险性较大的分部分项工程验收记录。

【依据】

《危险性较大的分部分项工程安全管理规定》(住房和城乡建设部令第 37 号)。

【解读】

对于按照规定需要验收的危大工程，施工单位、监理单位应当组织相关人员进行验收。验收合格的，经施工单位项目技术负责人及总监理工程师签字确认后，方可进入下一道工序。

6.2 基坑工程资料

6.2.1 相关的安全保护措施。

【依据】

《建筑施工安全检查标准》(JGJ 59—2011)、《建筑基坑支护技术规程》(JGJ 120—2012)、《建筑施工土石方工程安全技术规范》(JGJ 180—2009)。

【解读】

(1)施工方案。

在基坑支护土方作业施工前，应编制专项施工方案，并按有关程序进行审批后实施。危险性较大的基坑工程应编制安全专项方案，施工单位技术、质量、安全等专业部门进行审核，施工单位技术负责人签字，超过一定规模的必须经专家论证。

(2)基坑支护。

人工开挖的狭窄基槽，深度较大或土质条件较差，可能存在边坡塌方危险时，必须采取支护措施，支护结构应有足够的稳定性。

基坑支护结构必须经设计计算确定，支护结构产生的变形应在设计允许范围内。变形达到预警值时，应立即采取有效的控制措施。

（3）降排水。

在基坑施工过程中，必须设置有效的降排水措施以确保正常施工，深基坑边界上部必须设有排水沟，以防止雨水进入基坑，深基坑降水施工应分层降水，随时观测支护外观测井水位，防止邻近建筑物等变形。

（4）基坑开挖。

基坑开挖必须按专项施工方案进行，并应遵循分层、分段、均衡挖土，保证土体受力均衡和稳定。

机械在软土场地作业应采用铺设砂石、铺垫钢板等硬化措施，防止机械发生倾覆事故。

（5）坑边荷载。

基坑边沿堆置土、料具等荷载应在基坑支护设计允许范围内，施工机械与基坑边沿应保持安全距离，防止基坑支护结构超载。

（6）安全防护。

基坑开挖深度达到 2m 及以上时，按高处作业安全技术规范要求，应在其边沿设置防护栏杆并设置专用梯道，防护栏杆及专用梯道的强度应符合规范要求，确保作业人员安全。

6.2.2 监测方案及审核手续。

【依据】

《建筑基坑支护技术规程》（JGJ 120—2012）、《危险性较大的分部分项工程安全管理规定》（住房和城乡建设部令第 37 号）、《建筑基坑工程监测技术标准》（GB 50497—2019）。

【解读】

（1）工程概况。

（2）场地工程地质、水文地质条件及基坑周边环境状况。

（3）监测目的。

（4）编制依据。

（5）监测范围、对象及项目。

（6）基准点、工作基点、监测点的布设要求及测点布置图。

（7）监测方法和精度等级。

（8）监测人员配备和使用的主要仪器设备。

（9）监测期和监测频率。

（10）监测数据处理、分析与信息反馈。

（11）监测预警、异常及危险情况下的监测措施。

（12）质量管理、监测作业安全及其他管理制度。

6.2.3 第三方监测数据及相关的对比分析报告。

【依据】

《危险性较大的分部分项工程安全管理规定》（住房和城乡建设部令第37号）、《建筑基坑工程监测技术标准》（GB 50497—2019）。

【解读】

（1）《建筑基坑工程监测技术标准》（GB 50497—2019）：

基坑工程施工前，应由建设方委托具备相应能力的第三方对基坑工程实施现场监测。监测单位应编制监测方案，监测方案应经建设方、设计方等认可，必要时还应与基坑周边环境涉及的有关管理单位协商一致后方可实施。

（2）《危险性较大的分部分项工程安全管理规定》：

对于按照规定需要进行第三方监测的危大工程，建设单位应当委托具有相应勘察资质的单位进行监测。

第三方监测应由建设方委托（也有实际第三方监测费用由施工单位来支付的情况），一般根据合同要求进行第三方监测工作，与施工监测区别在于：

① 第三方不是监测点布设主体单位，一般是对施工监测单位布设的监测点进行检查看是否满足设计及现场需求（也有因施工监测单位尚未进场先期布点的）。

② 第三方监测的现场监测工作以检核施工监测质量为主要目的，监测频率相对于施工监测有所降低，一般工作量是施工监测的30%左右，但是重要部位、重要节点一般要求按设计频率进行监测；第三方监测数据与施工监测数据进行比较判断是否符合要求。

③ 第三方监测工作更多地体现在作为第三方单位的公正性，与施工监测平行监测以在发生纠纷、事故等情况时作为评判依据。

6.2.4 日常检查及整改记录。

【依据】

《建设工程安全生产管理条例》《建筑施工企业安全生产许可证动态监管暂行办法》。

【解读】

（1）《建设工程安全生产管理条例》规定：

施工单位主要负责人依法对本单位的安全生产工作全面负责。施工单位应当建立健全安全生产责任制度和安全生产教育培训制度，制定安全生产规章制度和操作规程，保证本单位安全生产条件所需资金的投入，对所承担的建设工程进行定期和专项安全检查，并做好安全检查记录。

（2）《建筑施工企业安全生产许可证动态监管暂行办法》规定：

建筑施工企业应当加强对本企业和承建工程安全生产条件的日常动态检查，发现不符合法定安全生产条件的，应当立即进行整改，并做好自查和整改记录。

6.3 脚手架工程资料

6.3.1 架体配件进场验收记录、合格证及扣件抽样复试报告。

【依据】

《市政工程施工安全检查标准》（CJJ/T 275—2018）。

【解读】

钢管满堂模板支撑架保证项目的检查评定应符合的规定中，构配件和材质应符合下列规定：

（1）进场的钢管及构配件应有质量合格证、产品性能检验报告，其规格、型号、材质及产品质量应符合国家现行相关标准要求。

（2）钢管壁厚应进行抽检，且壁厚应符合国家现行相关标准要求。

（3）所采用的扣件应进行复试且技术性能应符合国家现行相关标准要求。

（4）杆件的弯曲、变形、锈蚀量应在标准允许范围内，各部位焊缝应饱满。

6.3.2 日常检查及整改记录。

【依据】

《建设工程安全生产管理条例》《建筑施工企业安全生产许可证动态监管暂行办法》。

【解读】

（1）《建设工程安全生产管理条例》规定：

施工单位主要负责人依法对本单位的安全生产工作全面负责。施工单位应当建立健全安全生产责任制度和安全生产教育培训制度，制定安全生产规章制度和操作规程，保证本单位安全生产条件所需资金的投入，对所承担的建设工程进行定期和专项安全检查，并做好安全检查记录。

（2）《建筑施工企业安全生产许可证动态监管暂行办法》规定：

建筑施工企业应当加强对本企业和承建工程安全生产条件的日常动态检查，发现不符合法定安全生产条件的，应当立即进行整改，并做好自查和整改记录。

6.4　起重机械资料

6.4.1　起重机械特种设备制造许可证、产品合格证、备案证明、租赁合同及安装使用说明书。

【依据】

《建筑起重机械安全监督管理规定》。

【解读】

出租单位、自购建筑起重机械的使用单位，应当建立建筑起重机械安全技术档案。建筑起重机械安全技术档案应当包括以下资料：

（1）购销合同、制造许可证、产品合格证、制造监督检验证明、安装使用说明书、备案证明等原始资料。

（2）定期检验报告、定期自行检查记录、定期维护保养记录、维修和技术改造记录、运行故障和生产安全事故记录、累计运转记录等运行资料。

（3）历次安装验收资料。

6.4.2　起重机械安装单位资质及安全生产许可证、安装与拆卸合同及安全管理协议书、生产安全事故应急救援预案、安装告知、安装与拆卸过程作业人员资格证书及安全技术交底。

起重机械安装使用
拆卸管理

扫码观看相关资料

【依据】

《建筑起重机械安全监督管理规定》。

【解读】

（1）从事建筑起重机械安装、拆卸活动的单位（以下简称安装单位）应当依法取得建设主管部门颁发的相应资质和建筑施工企业安全生产许可证，并在其资质许可范围内承揽建筑起重机械安装、拆卸工程。

（2）建筑起重机械使用单位和安装单位应当在签订的建筑起重机械安装、拆卸合同中明确双方的安全生产责任。

实行施工总承包的，施工总承包单位应当与安装单位签订建筑起重机械安装、拆卸工程安全协议书。

（3）安装单位应当履行下列安全职责。

① 按照安全技术标准及建筑起重机械性能要求，编制建筑起重机械安装、拆卸工程专项施工方案，并由本单位技术负责人签字。

② 按照安全技术标准及安装使用说明书等检查建筑起重机械及现场施工条件。

③ 组织安全施工技术交底并签字确认。

④ 制定建筑起重机械安装、拆卸工程生产安全事故应急救援预案。

⑤ 将建筑起重机械安装、拆卸工程专项施工方案，安装、拆卸人员名单，安装、拆卸时间等材料报施工总承包单位和监理单位审核后，告知工程所在地县级以上地方人民政府建设主管部门。

（4）安装单位应当按照建筑起重机械安装、拆卸工程专项施工方案及安全操作规程组织安装、拆卸作业。安装单位的专业技术人员、专职安全生产管理人员应当进行现场监督，技术负责人应当定期巡查。

6.4.3　起重机械基础验收资料。安装（包括附着顶升）后安装单位自检合格证明、检测报告及验收记录。

📑【依据】

《建筑起重机械安全监督管理规定》。

🔖【解读】

（1）建筑起重机械安装完毕后，安装单位应当按照安全技术标准及安装使用说明书的有关要求对建筑起重机械进行自检、调试和试运转。自检合格的，应当出具自检合格证明，并向使用单位进行安全使用说明。

（2）安装单位应当建立建筑起重机械安装、拆卸工程档案。

建筑起重机械安装、拆卸工程档案应当包括以下资料：

① 安装、拆卸合同及安全协议书。

② 安装、拆卸工程专项施工方案。

③ 安全施工技术交底的有关资料。

④ 安装工程验收资料。

⑤ 安装、拆卸工程生产安全事故应急救援预案。

6.4.4　使用过程作业人员资格证书及安全技术交底、使用登记标志、生产安全事故应急救援预案、多塔作业防碰撞措施、日常检查（包括吊索具）与整改记录、维护和保养记录、交接班记录。

📑【依据】

《建筑起重机械安全监督管理规定》。

【解读】

使用单位应当履行下列安全职责：

（1）根据不同施工阶段、周围环境以及季节、气候的变化，对建筑起重机械采取相应的安全防护措施。

（2）制定建筑起重机械生产安全事故应急救援预案。

（3）在建筑起重机械活动范围内设置明显的安全警示标志，对集中作业区做好安全防护。

（4）设置相应的设备管理机构或者配备专职的设备管理人员。

（5）指定专职设备管理人员、专职安全生产管理人员进行现场监督检查。

（6）建筑起重机械出现故障或者发生异常情况的，立即停止使用，消除故障和事故隐患后，方可重新投入使用。

使用单位应当对在用的建筑起重机械及其安全保护装置、吊具、索具等进行经常性和定期的检查、维护和保养，并做好记录。使用单位在建筑起重机械租期结束后，应当将定期检查、维护和保养记录移交出租单位。建筑起重机械租赁合同对建筑起重机械的检查、维护、保养另有约定的，从其约定。

依法发包给两个及两个以上施工单位的工程，不同施工单位在同一施工现场使用多台塔式起重机作业时，建设单位应当协调组织制定防止塔式起重机相互碰撞的安全措施。安装单位、使用单位拒不整改生产安全事故隐患的，建设单位接到监理单位报告后，应当责令安装单位、使用单位立即停工整改。

6.5 模板支撑体系资料

6.5.1 架体配件进场验收记录、合格证及扣件抽样复试报告。

【依据】

《建筑施工门式钢管脚手架安全技术标准》（JGJ/T 128—2019）、《建筑施工承插型盘扣式钢管脚手架安全技术标准》（JGJ/T 231—2021）、《建筑施工扣件式钢管脚手架安全技术规范》（JGJ 130—2011）、《建筑施工碗扣式钢管脚手架安全技术规范》（JGJ 166—2016）。

【解读】

以上四个规范中的材质要求、质量要求。

6.5.2 拆除申请及批准手续。

【依据】

《建筑施工门式钢管脚手架安全技术标准》（JGJ/T 128—2019）、《建筑

模板拆除审批表

扫码观看相关资料

施工承插型盘扣式钢管脚手架安全技术标准》（JGJ/T 231—2021）、《建筑施工扣件式钢管脚手架安全技术规范》（JGJ 130—2011）、《建筑施工碗扣式钢管脚手架安全技术规范》（JGJ 166—2016）。

【解读】

模板的拆除措施应经技术主管部门或负责人批准，拆除模板的时间可按现行国家标准《混凝土结构工程施工质量验收规范》（GB 50204—2015）的有关规定执行。冬期施工的拆模，应符合专门规定。

（1）应建立模板拆除的审批制度，模板拆除之前必须有拆模申请。

（2）当同条件养护试块强度记录达到规定时，技术负责人方可批准模板拆除。

（3）监理单位签署同意后，才能开始进行模板拆除作业，防止随意拆除发生安全事故。

（4）《模板拆除审批表》一式三份，拆模班组、监理单位、资料存档各一份。

6.5.3　日常检查及整改记录。

【依据】

《建设工程安全生产管理条例》《建筑施工企业安全生产许可证动态监管暂行办法》。

【解读】

（1）施工单位主要负责人依法对本单位的安全生产工作全面负责。施工单位应当建立健全安全生产责任制度和安全生产教育培训制度，制定安全生产规章制度和操作规程，保证本单位安全生产条件所需资金的投入，对所承担的建设工程进行定期和专项安全检查，并做好安全检查记录。

（2）建筑施工企业应当加强对本企业和承建工程安全生产条件的日常动态检查，发现不符合法定安全生产条件的，应当立即进行整改，并做好自查和整改记录。

6.6　临时用电资料

6.6.1　临时用电施工组织设计及审核、验收手续。

【依据】

《施工现场临时用电安全技术规范》（JGJ 46—2005）、《建设工程安全生产管理条例》。

【解读】

（1）《施工现场临时用电安全技术规范》（JGJ 46—2005）：

施工现场临时用电设备在 5 台及以上或设备总容量在 50kW 及以上者，应编制用电组织设计。

临时用电组织设计及变更时，必须履行"编制、审核、批准"程序，由电气工程技术人员组织编制，经相关部门审核及具有法人资格企业的技术负责人批准后实施。变更用电组织设计时应补充有关图纸资料。

临时用电工程必须经编制、审核、批准部门和使用单位共同验收，合格后方可投入使用。

（2）《建设工程安全生产管理条例》：

施工单位应当在施工组织设计中编制安全技术措施和施工现场临时用电方案，对下列达到一定规模的危险性较大的分部分项工程编制专项施工方案，并附具安全验算结果，经施工单位技术负责人、总监理工程师签字后实施，由专职安全生产管理人员进行现场监督。

6.6.2 电工特种作业操作资格证书。

【依据】

《建筑施工特种作业人员管理规定》《施工现场临时用电安全技术规范》（JGJ 46—2005）、《房屋建筑工程监理工作标准（试行）》。

【解读】

（1）《施工现场临时用电安全技术规范》（JGJ 46—2005）：

电工必须经过按国家现行标准考核合格后，持证上岗工作。其他用电人员必须通过相关安全教育培训和技术交底，考核合格后方可上岗工作。

（2）《房屋建筑工程监理工作标准（试行）》：

审核建筑施工特种作业人员操作资格证书合法有效，应留存审核记录。建筑施工特种作业人员必须经建设主管部门或其委托的发证机构考核合格，取得建筑施工特种作业人员操作资格证书，方可上岗作业。

（3）《建筑施工特种作业人员管理规定》：

① 建筑施工特种作业人员的考核、发证、从业和监督管理，适用本规定。

② 本规定所称建筑施工特种作业人员是指在房屋建筑和市政工程施工活动中，从事可能对本人、他人及周围设备设施的安全造成重大危害作业的人员。

③ 建筑施工特种作业包括：

a. 建筑电工。

b. 建筑架子工。

c. 建筑起重信号司索工。

d. 建筑起重机械司机。

e. 建筑起重机械安装拆卸工。

f. 高处作业吊篮安装拆卸工。

g. 经省级以上人民政府建设主管部门认定的其他特种作业。

④ 建筑施工特种作业人员必须经建设主管部门考核合格，取得建筑施工特种作业人员操作资格证书，方可上岗从事相应作业。

6.6.3 总包单位与分包单位的临时用电管理协议。

总包单位与分包单位
的临时用电管理协议

扫码观看相关资料

【依据】

《建筑施工安全检查标准》（JGJ 59—2011）。

【解读】

施工用电一般项目在用电档案的检查评定应符合下列规定：

（1）总包单位与分包单位应签订临时用电管理协议，明确各方相关责任。

（2）施工现场应制定专项用电施工组织设计、外电防护专项方案。

（3）专项用电施工组织设计、外电防护专项方案应履行审批程序，实施后应由相关部门组织验收。

（4）用电各项记录应按规定填写，记录应真实有效。

（5）用电档案资料应齐全，并应设专人管理。

6.6.4 临时用电安全技术交底资料。

临时用电安全
技术交底

扫码观看相关资料

【依据】

《施工现场临时用电安全技术规范》（JGJ 46—2005）。

【解读】

（1）安全用电自我防护技术交底。

施工现场用电人员应加强自我防护意识，特别是电动建筑机械的操作人员必须掌握安全用电的基本知识，以减少触电事故的发生。

（2）对于现场中一些固定机械设备的防护和操作人员应进行如下交底。

① 开机前认真检查开关箱内的控制开关设备是否齐全有效，漏电保护器是否可靠，发现问题及时向工长汇报，工长派电工解决处理。

② 开机前仔细检查电气设备的接零保护线端子有无松动，严禁赤手触摸一切带电绝缘导线。

③ 严格执行安全用电规范，凡一切属于电气维修、安装的工作，必须由电工来操作，严禁非电工进行电工作业。

（3）电工安全技术交底。

① 操作人员严格执行电工安全操作规程，对电气设备工具要进行定期检查和试验，凡不合格的电气设备、工具要停止使用。

② 电工人员严禁带电操作，线路上禁止带负荷接线，正确使用电工器具。

③ 电气设备的金属外壳必须做接地或接零保护，在总箱、开关箱内必须安装漏电保护器实行两级漏电保护。

④ 电气设备所用保险丝，禁止用其他金属丝代替，并且需与设备容量相匹配。

⑤ 施工现场内严禁使用塑料线，所用绝缘导线型号及截面必须符合临电设计。

⑥ 电工必须持证上岗，操作时必须穿戴好各种绝缘防护用品，不得违章操作。

⑦ 当发生电气火灾时即切断电源，用干砂灭火或用干粉灭火器灭火，严禁使用导电的灭火剂灭火。凡移动式照明，必须采用安全电压。

⑧ 施工现场临时用电施工，必须执行施工组织设计和安全操作规程。

6.6.5 配电设备、设施合格证书。

【依据】

《市政基础设施工程施工技术文件管理规定》。

【解读】

（1）原材料、成品、半成品、构配件、设备出厂质量合格证书、出厂检（试）验报告及复试报告。

（2）一般规定：

① 必须有出厂质量合格证书和出厂检（试）验报告，并归入施工技术文件。

② 合格证书、检（试）验报告为复印件的必须加盖供货单位印章方为有效，并注明使用工程名称、规格、数量、进场日期、经办人签名及原件存放地点。

③ 凡使用新技术、新工艺、新材料、新设备的，应有法定单位鉴定证明和生产许可证。产品要有质量标准、使用说明和工艺要求。使用前应按其质量标准进行检（试）验。

④ 进入施工现场的原材料、成品、半成品、构配件，在使用前必须按现行国家有关标准的规定抽取试样，交由具有相应资质的检测、试验机构进行复试，复试结构合格方可使用。

⑤ 对按国家规定只提供技术参数的测试报告，应由使用单位的技术负责人依据有关技术标准对技术参数进行判别并签字认可。

⑥ 进场材料凡复试不合格的，应按原标准规定的要求再次进行复试，再次复试的结果合格方可认为该批材料合格，两次报告必须同时归入施工技术文件。

⑦ 必须按有关规定实行有见证取样和送检制度，其记录、汇总表纳入施工技术文件。

⑧ 总含碱量有要求的地区，应对混凝土使用的水泥、砂、石、外加剂、掺合料等的含碱量进行检测，并按规定要求将报告纳入施工技术文件。

6.6.6　接地电阻、绝缘电阻测试记录。

【依据】

《建筑工程资料管理规程》（JGJ/T 185—2009）。

【解读】

《建筑工程资料管理规程》（JGJ/T 185—2009）附录 C.6。

6.6.7　日常安全检查、整改记录。

【依据】

《建设工程安全生产管理条例》《建筑施工企业安全生产许可证动态监管暂行办法》。

【解读】

（1）《建设工程安全生产管理条例》：

施工单位主要负责人依法对本单位的安全生产工作全面负责。施工单位应当建立健全安全生产责任制度和安全生产教育培训制度，制定安全生产规章制度和操作规程，保证本单位安全生产条件所需资金的投入，对所承担的建设工程进行定期和专项安全检查，并做好安全检查记录。

（2）《建筑施工企业安全生产许可证动态监管暂行办法》：

建筑施工企业应当加强对本企业和承建工程安全生产条件的日常动态检查，发现不符合法定安全生产条件的，应当立即进行整改，并做好自查和整改记录。

6.7　安全防护资料

6.7.1　安全帽、安全带、安全网等安全防护用品的产品质量合格证。

安全防护劳保用品
使用规定

扫码观看相关资料

【依据】

《建设工程安全生产管理条例》。

【解读】

（1）作业人员应当遵守安全施工的强制性标准、规章制度和操作规程，正确使用安全防护用具、机械设备等。

（2）施工单位采购、租赁的安全防护用具、机械设备、施工机具及配件，应当具有生产（制造）许可证、产品合格证，并在进入施工现场前进行查验。

6.7.2　有限空间作业审批手续。

有限空间作业的规章
制度范文

扫码观看相关资料

【依据】

《城镇供热管网工程施工及验收规范》（CJJ 28—2014）、《有限空间作业事故安全施救指南》。

【解读】

（1）受限空间施工单位作业负责人，应持有施工任务单，到设施所属单位办理"受限空间作业许可证"。

（2）设施所属单位安全负责人和领导要对作业程序和安全措施进行确认后，方可签发"受限空间作业许可证"，并指派作业监护人。施工单位作业负责人应向作业人员进行作业程序和安全措施的交底，并指派作业监护人。

6.7.3　日常安全检查、整改记录。

【依据】

《建设工程安全生产管理条例》《建筑施工企业安全生产许可证动态监管暂行办法》。

【解读】

（1）《建设工程安全生产管理条例》：

施工单位主要负责人依法对本单位的安全生产工作全面负责。施工单位应当建立健全安全生产责任制度和安全生产教育培训制度，制定安全生产规章制度和操作规程，保证本单位安全生产条件所需资金的投入，对所承担的建设工程进行定期和专项安全检查，并做好安全检查记录。

（2）《建筑施工企业安全生产许可证动态监管暂行办法》：

建筑施工企业应当加强对本企业和承建工程安全生产条件的日常动态检查，发现不符合法定安全生产条件的，应当立即进行整改，并做好自查和整改记录。

7 附 则

7.1 工程质量安全手册是根据法律法规、国家有关规定和工程建设强制性标准制定，用于规范企业及项目质量安全行为、提升质量安全管理水平，工程建设各方主体必须遵照执行。

7.2 除执行本手册外，工程建设各方主体还应执行工程建设法律法规、国家有关规定和相关标准规范。

7.3 各省级住房城乡建设主管部门可在本手册的基础上，制定简洁明了、要求明确的本地区工程质量安全手册实施细则。

【解读】

　　本手册必须遵照执行，各省（自治区、直辖市）在手册基础上根据本地质量安全管理规定制定本地区的实施细则，作为规范指导建设工程质量安全的依据。

7.4 本手册由住房城乡建设部负责解释。

【解读】

　　手册发行已经试行一段时间，第一次把质量安全作为一个系统联合起来，交叉内容比较多，只有运行起来才能发现这样那样的问题，才会更完善这个手册，但大方向肯定是对的，希望下一步能更进一步扩大到健康和环境，实现质量安全健康环境手册（QSHE手册）。

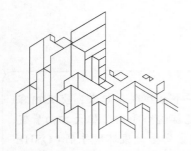

附　录

附录1　工程建设项目实施流程——质量安全环节

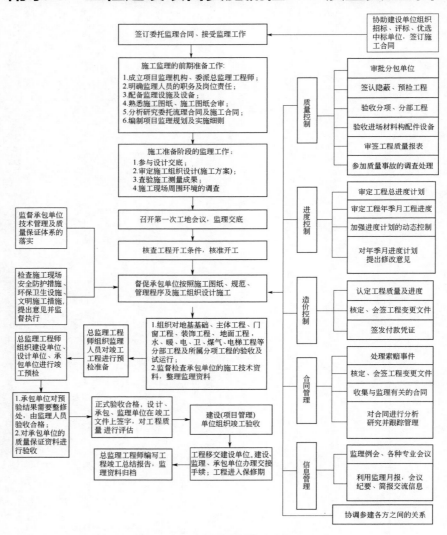

附图 1-1　工程项目实施监理的总流程

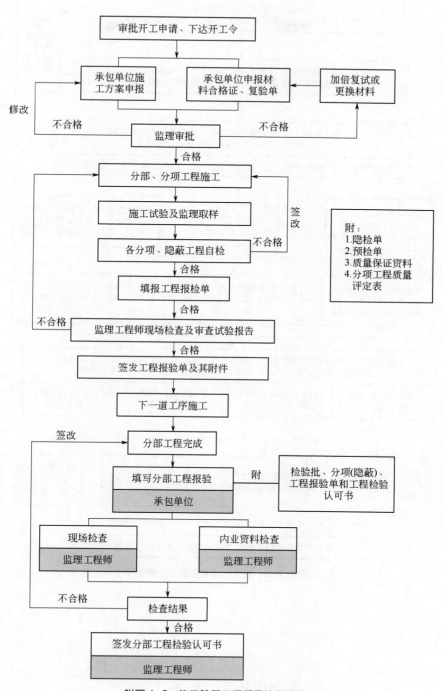

附图 1-2 施工阶段工程质量控制流程

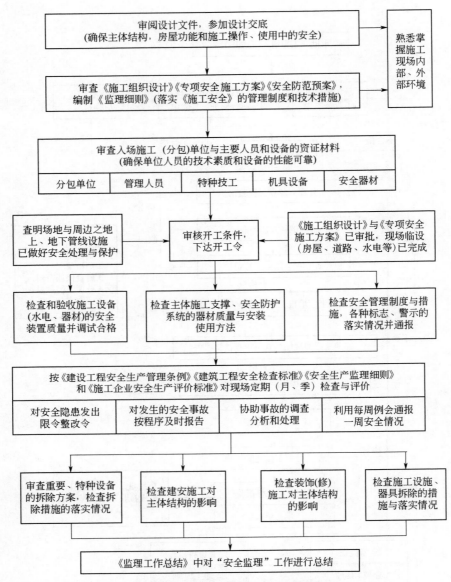

附图 1-3　施工阶段安全监理控制流程

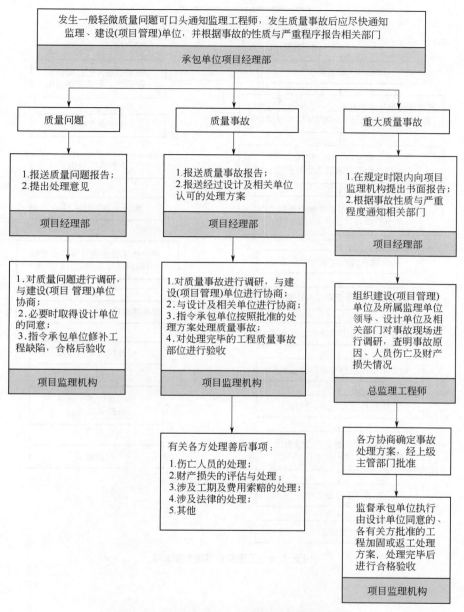

发生一般轻微质量问题可口头通知监理工程师，发生质量事故后应尽快通知监理、建设(项目管理)单位，并根据事故的性质与严重程序报告相关部门

承包单位项目经理部

质量问题	质量事故	重大质量事故

1.报送质量问题报告；
2.提出处理意见

项目经理部

1.报送质量事故报告；
2.报送经过设计及相关单位认可的处理方案

项目经理部

1.在规定时限内向项目监理机构提出书面报告；
2.根据事故性质与严重程度通知相关部门

项目经理部

1.对质量问题进行调研，与建设(项目 管理)单位协商；
2.必要时取得设计单位的同意；
3.指令承包单位修补工程缺陷，合格后验收

项目监理机构

1.对质量事故进行调研，与建设(项目管理)单位进行协商；
2.与设计及相关单位进行协商；
3.指令承包单位按照批准的处理方案处理质量事故；
4.对处理完毕的工程质量事故部位进行验收

项目监理机构

组织建设(项目管理)单位及所属监理单位领导、设计单位及相关部门对事故现场进行调研，查明事故原因、人员伤亡及财产损失情况

总监理工程师

有关各方处理善后事项：
1.伤亡人员的处理；
2.财产损失的评估与处理；
3.涉及工期及费用索赔的处理；
4.涉及法律的处理；
5.其他

各方协商确定事故处理方案，经上级主管部门批准

监督承包单位执行由设计单位同意的、各有关方批准的工程加固或返工处理方案，处理完毕后进行合格验收

项目监理机构

附图 1-4　工程质量问题及工程质量事故处理流程

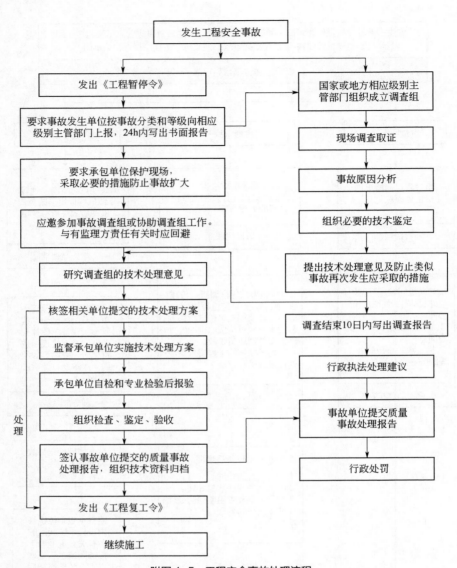

发生工程安全事故

发出《工程暂停令》

要求事故发生单位按事故分类和等级向相应
级别主管部门上报，24h内写出书面报告

要求承包单位保护现场，
采取必要的措施防止事故扩大

应邀参加事故调查组或协助调查组工作。
与有监理方责任有关时应回避

研究调查组的技术处理意见

核签相关单位提交的技术处理方案

监督承包单位实施技术处理方案

承包单位自检和专业检验后报验

组织检查、鉴定、验收

签认事故单位提交的质量事故
处理报告，组织技术资料归档

发出《工程复工令》

继续施工

处理

国家或地方相应级别主
管部门组织成立调查组

现场调查取证

事故原因分析

组织必要的技术鉴定

提出技术处理意见及防止类似
事故再次发生应采取的措施

调查结束10日内写出调查报告

行政执法处理建议

事故单位提交质量
事故处理报告

行政处罚

附图 1-5　工程安全事故处理流程

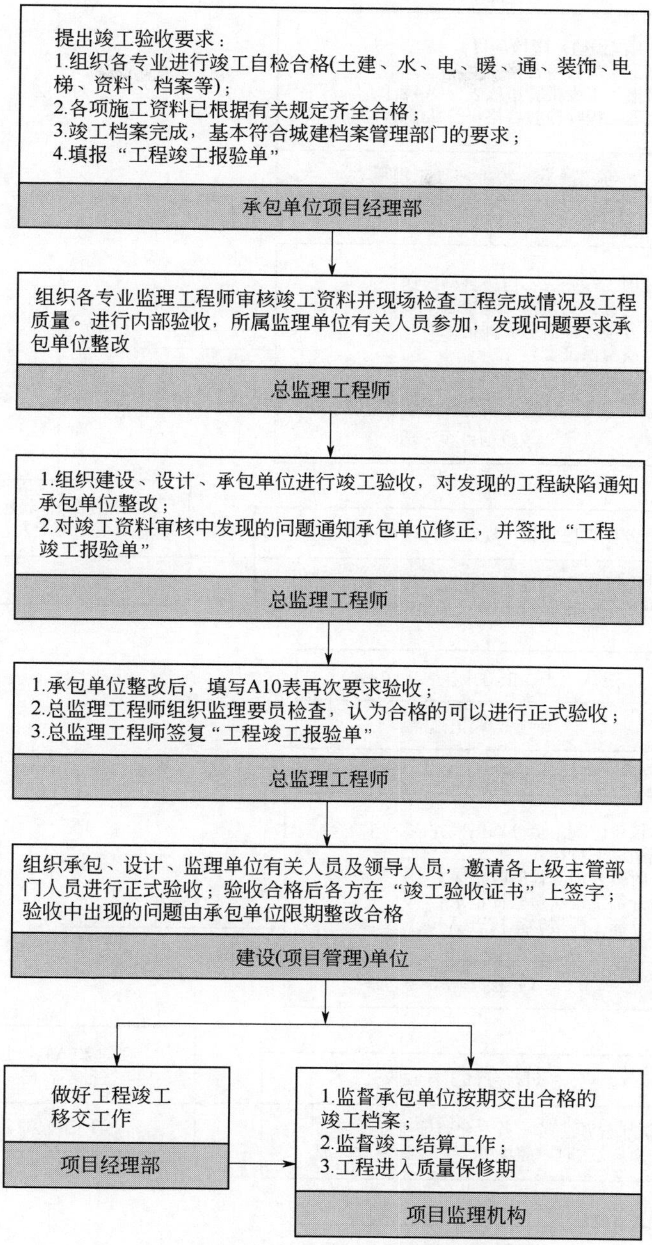

提出竣工验收要求：
1.组织各专业进行竣工自检合格(土建、水、电、暖、通、装饰、电梯、资料、档案等)；
2.各项施工资料已根据有关规定齐全合格；
3.竣工档案完成，基本符合城建档案管理部门的要求；
4.填报"工程竣工报验单"

承包单位项目经理部

组织各专业监理工程师审核竣工资料并现场检查工程完成情况及工程质量。进行内部验收，所属监理单位有关人员参加，发现问题要求承包单位整改

总监理工程师

1.组织建设、设计、承包单位进行竣工验收，对发现的工程缺陷通知承包单位整改；
2.对竣工资料审核中发现的问题通知承包单位修正，并签批"工程竣工报验单"

总监理工程师

1.承包单位整改后，填写A10表再次要求验收；
2.总监理工程师组织监理要员检查，认为合格的可以进行正式验收；
3.总监理工程师签复"工程竣工报验单"

总监理工程师

组织承包、设计、监理单位有关人员及领导人员，邀请各上级主管部门人员进行正式验收；验收合格后各方在"竣工验收证书"上签字；验收中出现的问题由承包单位限期整改合格

建设(项目管理)单位

做好工程竣工移交工作

项目经理部

1.监督承包单位按期交出合格的竣工档案；
2.监督竣工结算工作；
3.工程进入质量保修期

项目监理机构

附图 1-6 工程竣工验收控制流程

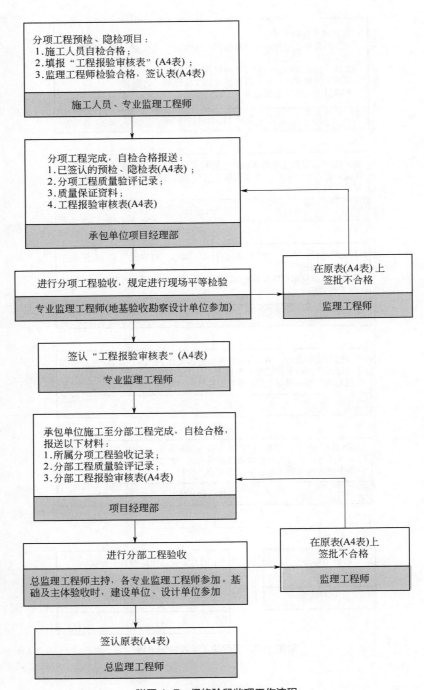

分项工程预检、隐检项目：
1. 施工人员自检合格；
2. 填报"工程报验审核表"（A4表）；
3. 监理工程师检验合格，签认表（A4表）

施工人员、专业监理工程师

分项工程完成，自检合格报送：
1. 已签认的预检、隐检表（A4表）；
2. 分项工程质量验评记录；
3. 质量保证资料；
4. 工程报验审核表（A4表）

承包单位项目经理部

进行分项工程验收，规定进行现场平等检验

专业监理工程师（地基验收勘察设计单位参加）

在原表（A4表）上
签批不合格

监理工程师

签认"工程报验审核表"（A4表）

专业监理工程师

承包单位施工至分部工程完成，自检合格，
报送以下材料：
1. 所属分项工程验收记录；
2. 分部工程质量验评记录；
3. 分部工程报验审核表（A4表）

项目经理部

进行分部工程验收

总监理工程师主持，各专业监理工程师参加。基础及主体验收时，建设单位、设计单位参加

在原表（A4表）上
签批不合格

监理工程师

签认原表（A4表）

总监理工程师

附图 1-7　保修阶段监理工作流程

附录2 塔式起重机租赁、安装、使用、拆除流程图

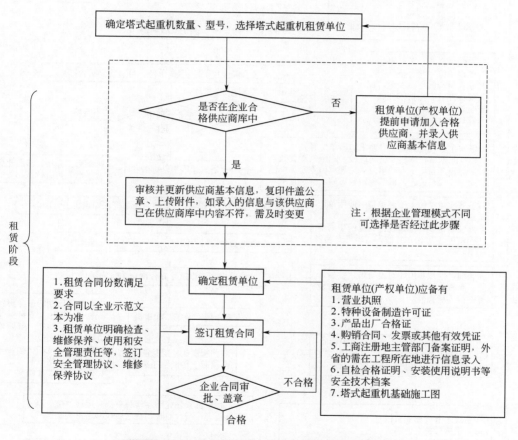

附图2-1 塔式起重机租赁、安装、使用、拆除流程图

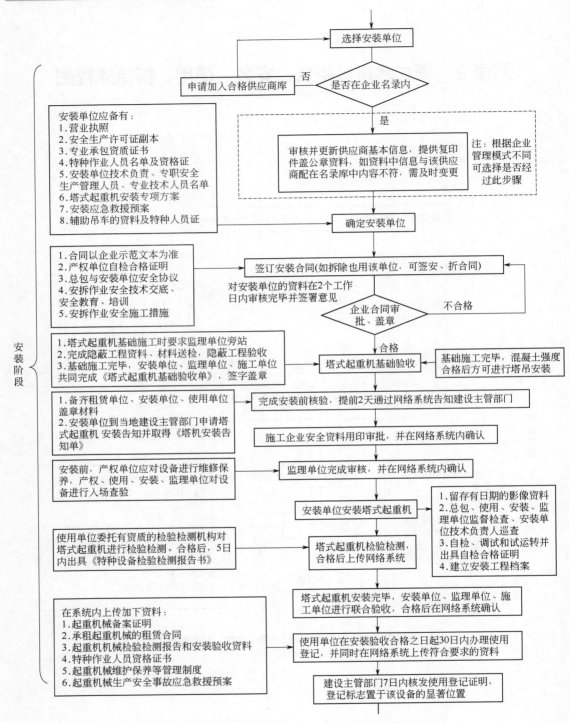

附图 2-1 塔式起重机租赁、安装、使用、拆除流程图（续）

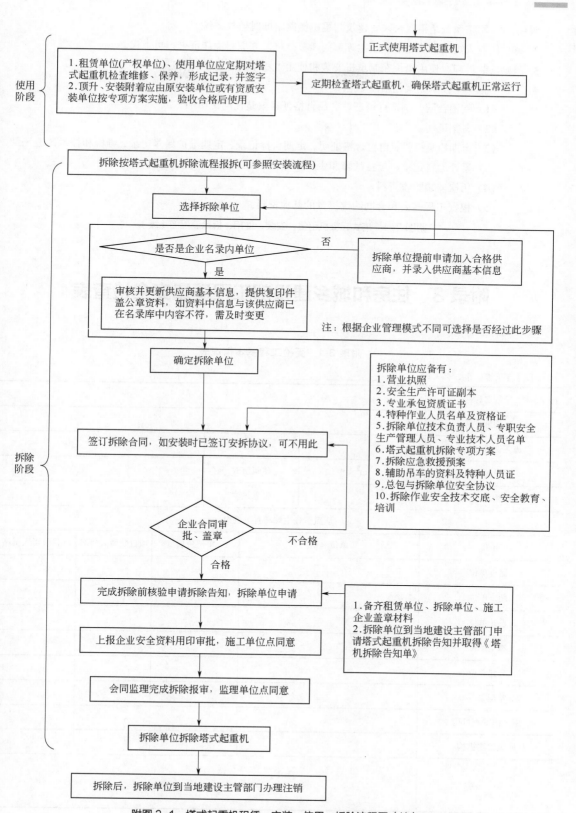

附图 2-1 塔式起重机租赁、安装、使用、拆除流程图（续）

说明：1. 网络系统是指《××省建筑起重机械网络即时监控系统》。

2. 特种作业人员应依法经省建设主管部门考核合格，并取得操作证书方可上岗。

3. 鼓励安装拆卸、使用单位在起重机安装和使用过程中实行智能化管理。

4. 产权单位安全技术档案包括：

    （1）购销合同、制造许可证、产品合格证、安装使用说明书。

    （2）备案证明。

    （3）定期检验报告、自检合格证明、定期自检记录、定期维护保养记录、维修和技术改造记录、累计运转记录、运行故障和生产事故记录。

    （4）历次安装验收资料。

    （5）根据工程需要和合同约定提供的其他资料。

附图 2-1 塔式起重机租赁、安装、使用、拆除流程图（续）

附录 3 住房和城乡建设部工程质量安全检查表

附表 3-1 受检工程基本情况表

工程所在省（市、县）：＿＿＿＿＿＿＿＿＿＿＿＿＿＿＿

工程名称			
工程地点			
施工许可证号		开工日期	
建设规模	m²	建筑层数	
结构类型		形象进度	

质量责任主体和有关机构

单位	单位名称	单位资质	项目负责人姓名	项目负责人资格
建设单位				
勘察单位				
设计单位				
施工单位				
分包单位				
监理单位				
施工图审查机构				
质量检测机构				
备 注				

检查组成员签字：   检查日期：

附表 3-2　工程建设强制性标准执行情况检查表
（勘察部分）

序号	检查项目	检查内容与方法	评价			备注
			符合	基本符合	不符合	
1	现场及试验室工作执行强制性标准情况	钻探及取样				
2		原位测试				
3		室内试验				
4		其他工作				
5	编制技术文件执行强制性标准情况	勘察手段和勘察工作量是否合理				
6		岩土指标参数和承载力是否正确				
7		场地类别和地震液化的判定是否正确				
8		对不良地质作用和特殊性岩土的评价是否正确				
9		地表水、地下水对建筑材料腐蚀性影响评价				
10		建议的地基方案是否合理可行				
11		技术文件内容是否存在重要缺漏				
12		是否有其他文字、数据、图纸的错误				
13	勘察成果与实际情况的符合程度	持力层				
14		地震效应评价结论				
15		地下水				
16		承载力和变形参数				
17		基坑支护参数				
18		文件中其他重要结论				
结果统计		符合　　　项 / 基本符合　　　项 / 不符合　　　项				

检查组成员签字：　　　　　　　　　　　检查日期：

附表 3-3　工程建设强制性标准执行情况检查表
（设计部分）

序号	检查项目	检查内容与方法	评价			备注
			符合	基本符合	不符合	
1	地基基础设计	设计采用的地基参数是否符合勘察成果，地基计算、地基处理、桩基及基础设计是否符合 GB 50007 等强制性标准的规定				
2	结构类型	是否采用了规范规定的结构类型，抗震设防的多层砌体房屋的层数和高度是否符合 GB 50011 第 7.1.2 条的规定				
3	设计荷载	设计采用的荷载是否符合 GB 50009 等强制性标准的规定，标准中未明确规定的荷载取值是否有依据				
4	抗震设防类别和抗震设防标准	抗震设防类别和抗震设防标准是否符合 GB 50223、GB 50011 等强制性标准的规定，建筑场地类别是否符合勘察成果				

序号	检查项目	检查内容与方法	评价			备注
			符合	基本符合	不符合	
5	建筑设计和建筑结构的规则性	建筑设计和建筑结构的规则性是否符合 GB 50011 等强制性标准的规定				
6	结构材料	结构材料强度设计值及其性能指标是否符合 GB 50003、GB 50010、GB 50017 及 GB 50011 第 3.9.2 条等强制性标准的规定				
7	地震作用和抗震验算	地震作用和抗震验算是否符合 GB 50011、JGJ 3 等强制性标准的规定				
8	钢筋混凝土构件的最小配筋率	钢筋混凝土结构构件中纵向钢筋的配筋率是否符合 GB 50010 的规定				
9	多、高层混凝土结构的抗震等级和抗震构造措施	结构的抗震等级、框架梁、框架柱、框支梁、框支柱的纵向钢筋最小配筋率（量）、箍筋的最小直径及最大间距、剪力墙分布钢筋的最小配筋率是否符合 GB 50011、JGJ 3 等强制性标准的规定				
10	砌体结构基本构造	砌体结构中墙与柱的高厚比、圈梁、过梁、墙梁、挑梁的构造是否符合 GB 50003 等强制性标准的规定				
11	多层砌体结构的抗震措施	房屋抗震横墙的间距、构造柱（芯柱）和圈梁的设置和构造、楼（屋）盖构造、楼梯间构造是否符合 GB 50011 等强制性标准的规定				
12	多、高层钢结构	多、高层钢结构房屋构件的设计是否符合 GB 50017、JGJ 99 等强制性标准的规定，其抗震构造措施是否符合 GB 50011 等强制性标准的规定				
13	超限高层建筑结构	按《超限高层建筑工程抗震设防专项审查技术要点》（建质[2015]67号）规定属于超限高层的项目，是否按规定在初步设计阶段进行了超限高层抗震专项审查，施工图设计文件中是否落实了抗震专项审查的内容				
结果统计		符合 项 / 基本符合 项 / 不符合 项				

注：被检查省市有地方标准涉及上述检查内容时，可同时作为检查依据。

检查组成员签字： 检查日期：

附表 3-4 工程建设强制性标准执行情况检查表
（施工部分）

序号	检查项目	检查内容和方法	评价			备注
			符合	基本符合	不符合	
一、工程资料						
1	技术交底、施工日志	技术交底和施工日志应记录详实				
2	原材料、成品、半成品、构配件质量有证明文件和试验报告	结构用水泥、钢筋、外加剂、预拌混凝土、防水材料、砂、石、砖、砌块、预应力混凝土的锚具、夹具等质量有合格证明文件和试验（检验）报告单，对重要工程使用砂、石应进行碱活性试验，预制构件应进行结构性能检测，砌筑砂浆中掺入有机塑化剂的应有型式检验报告				
3	见证取样和送检记录	承重结构用水泥及外加剂、混凝土试块、砂浆试块、钢筋及连接接头试件、承重墙的砖、砌块和防水材料等见证取样和送检记录资料及相关试验（检验）报告单				

续表

序号	检查项目	检查内容和方法	评价			备注
			符合	基本符合	不符合	
4	现场计量器具的运行状况	水准仪、经纬仪、磅秤、钢尺的计量检定证书				
5	施工图设计文件修改、变更、洽商、交底	施工图设计文件修改、变更、洽商、交底应符合程序，记录完整				
6	施工试验报告（记录）	混凝土试块、砌筑砂浆试块抗压强度试验报告及统计评定、钢筋焊接、机械连接、钢结构焊缝质量检测报告、基桩检测报告、回填土检验报告等				
7	施工记录	工程定位、基槽验线、楼层标高、轴线、垂直度、沉降观测等测量复核记录；混凝土施工记录；预应力张拉、灌浆记录；桩基施工记录应内容完整、记录真实				
8	质量验收记录	检验批、分项、分部验收及隐蔽工程验收记录应内容齐全、结论明确、签认手续完整，参与验收人员应具有相应资格				
二、地基基础						
9	地基强度或承载力检验、工程桩承载力检验	地基强度或承载力检验、工程桩承载力检验方法和数量应符合要求				
10	桩位偏差、桩顶标高、试件强度	偏差和试件留置数量应符合要求				
11	基坑施工	基坑专项施工方案，深基坑专项论证方案，基坑周边严禁超堆荷载，基坑（槽）开挖对周围建筑物的影响及监控				
三、混凝土结构						
12	模板与支架的设计	模板及其支架应具有足够的承载能力、刚度和稳定性，高支模应有专家论证方案				
13	受力钢筋品种、级别、规格和数量	对照施工图检查				
14	钢筋代换	当钢筋的品种、级别或规格需作变更时，应办理设计变更文件				
15	钢筋的加工、绑扎和连接	加工、绑扎质量是否满足要求，连接方式和连接质量				
16	钢筋构造措施、受力钢筋位置和混凝土保护层厚度	检查作业面上的受力钢筋间距、固定措施，节点部位的箍筋间距，混凝土保护层厚度				
17	预应力钢筋	检查预应力筋张拉锚固，外露预应力筋的处理及锚具封闭				
18	混凝土强度和试块留置	检查现场混凝土配合比实际应用情况，计量器具设置应用，预拌混凝土的坍落度，混凝土试块取样部位、频率、留置数量、养护环境、标识等				
19	混凝土的外观质量和尺寸偏差	检查混凝土外观质量，抽查混凝土构件尺寸偏差				
四、砌体结构						
20	砌筑砂浆强度和试块留置	检查现场砂浆配合比实际应用情况，严禁使用脱水硬化的石灰膏，检查计量器具设置应用，砌筑砂浆稠度、分层度，砂浆试块取样部位、频率、留置数量、养护环境、标识等				

续表

序号	检查项目	检查内容和方法	评价 符合	评价 基本符合	评价 不符合	备注
21	小砌块质量	施工时所用小砌块的产品龄期不应小于 28 天，承重墙体严禁使用断裂小砌块，小砌块应底面朝上反砌于墙上				
22	墙体转角处、交接处及临时间断处砌筑方式	墙体转角处和纵墙交接处应同时砌筑，临时间断处应砌成斜槎，抗震设防地区设置拉结筋情况				
23	灰缝厚度及砂浆饱满度	用尺量检查 10 皮砖灰缝厚度，用百格网检查作业面的砂浆饱满度				
24	预制承重构件安装	观察检查已安装的预制承重构件安装位置、搁置长度和堆放在场地上的预制构件情况				
25	施工荷载控制	观察检查楼层堆载情况				
26	构造措施	构造柱、圈梁设置情况				
结果统计		符合　　　项 ／ 基本符合　　　项 ／ 不符合　　　项				

检查组成员签字：　　　　　　　　　　检查日期：

附表 3-5　建筑节能工程施工质量检查表

序号	检查项目		检查标准	符合	基本符合	不符合	备注
1	方案编制		建筑节能工程施工前，施工单位应编制建筑节能工程施工技术方案并经审查批准				
2	设计变更		任何设计变更均不得降低建筑节能效果				
3			当设计变更涉及建筑节能效果时，该项变更应经原施工图设计审查机构审查				
4			在建筑节能设计变更实施前应办理设计变更手续，并获得监理或建设单位的确认				
5	墙体节能工程		材料、构件等进场验收、保温隔热材料和黏结材料等的进场复验符合验收规定				
6		墙体施工	① 保温隔热材料的厚度				
7			② 保温板材与基层及各构造层之间的黏结或连接及与基层的黏结强度拉拔试验				
8			③ 保温浆料与基层及各层之间的黏结必须牢固，不应脱层、空鼓和开裂				
9			④ 保温层采用后置锚固件应进行锚固力现场拉拔试验				
10			预制保温板浇筑混凝土墙体保温板、保温浆料作保温层、保温砌块砌筑、预制保温墙板、隔气层的设置及做法符合设计及验收规定				
11			墙体节能工程各层构造做法、基层、门窗洞口、凸窗四周的侧面、外墙热桥部位的保温措施符合设计及验收规定				
12	幕墙节能保温工程		幕墙节能工程的材料、构件等进场验收记录符合验收规定，幕墙保温材料、幕墙玻璃、隔热型材的复验及性能检测				
13			密封条、单元幕墙板块之间的密封处理、开启扇关闭、保温材料厚度及安装质量符合验收规定				
14			遮阳设施的安装、热桥部位的隔断热桥措施、幕墙隔气层、冷凝水的收集和排放质量符合验收规定				

序号	检查项目	检查标准	符合	基本符合	不符合	备注
15	门窗节能工程	建筑外门窗及玻璃的进场验收、外门窗及中空玻璃的复验及性能检测				
16		外门窗框或副框与洞口之间的间隙填充、外窗遮阳设施、天窗安装质量符合验收规定				
17	屋面节能工程	保温隔热材料的进场验收、保温隔热材料的复验及性能检测收				
18		保温隔热层的敷设及热桥部位的保温隔热措施、通风隔热架空层、采光屋面、屋面的隔气层质量符合验收规定				
19	地面节能工程	用于地面节能工程的保温材料的进场验收、保温材料的复验及性能检测				
20		基层处理、地面保温层、隔离层、保护层、有防水要求的地面保温层及表面防潮层、保护层符合设计要求，并应按施工方案施工				
21		严寒、寒冷地区的建筑首层直接与土壤接触的地面、采暖地下室与土壤接触的外墙、毗邻不采暖空间的地面以及底面直接接触室外空气的地面应按设计要求采取保温措施				
22	采暖节能工程	重要采暖工程材料、设备的进场验收记录，散热器和保温材料等复验及性能检测				
23		设备、阀门及附件，温控、计量及水力平衡装置安装质量，散热器的数量及安装方式；散热器外表面涂刷符合验收规定				
24		散热器恒温阀安装位置，低温热水地面辐射供暖系统防潮层和绝热层的做法及绝热层的厚度，温控装置的传感器安装高度，热力入口装置质量、方向，水力平衡装置应运行调试及标志，采暖系统保温层和防潮层的施工质量，采暖系统隐蔽工程验收与热源联合试运转与调试符合验收规定				
25	通风与空调节能工程	材料设备的进场验收、风机盘管机组和绝热材料等复验及性能检测				
26		设备、阀门及附件，温控、计量及水力平衡装置安装质量，风管严密性检验和漏风量测试记录，组合式空调机组、柜式空调机组、新风机组、单元式空调机组的安装质量，风机盘管安装质量，风机规格、数量及安装符合验收规定				
27		带热回收功能的双向换气装置和集中排风系统中的排风热回收装置的安装质量，电动两通调节阀、水力平衡阀、冷（热）量计量装置等自控阀门与仪表安装符合验收规定				
28		空调风管系统、水系统管道及部件的绝热层和防潮层，冷热水管道与支、吊架之间应设置的绝热衬垫符合验收规定				
29		通风与空调系统隐检、通风机和空调机组等设备的单机试运转和调试应及时，总风量与设计风量的允许偏差符合规范规定				
30	空调与采暖系统冷热源及管网节能工程	材料设备进场验收、绝热材料等复验及性能检测，隐蔽工程验收、设备、阀门及附件，温控、计量及水力平衡装置安装质量符合验收规定				
31		冷热源侧的电动两通调节阀、水力平衡阀及冷（热）量计量装置等自控阀门与仪表安装，锅炉、热交换器、电机驱动压缩机的蒸气压缩循环冷水（热泵）机组、蒸汽或热水型溴化锂吸收式冷水机组及直燃型溴化锂吸收式冷（温）水机组等设备的安装符合验收规定				
32		冷却塔水泵等辅助设备安装，空调冷热源水系统管道及配件绝热层、防潮层和保护层，冷热源机房、换热站内部空调冷热水管道与支、吊架之间绝热衬垫，空调与采暖系统冷热源和辅助设备及其管道和管网系统试运转及调试符合验收规定				
33	配电与照明节能工程	照明光源、灯具及其附属装置的进场验收，低压配电系统选择的电缆、电线的截面和每芯导体电阻值的复验及性能检测				
34		低压配电系统调试，压配电电源质量检测，测试并记录照明系统的照度和功率密度值符合验收规定				

续表

序号	检查项目	检查标准	符合	基本符合	不符合	备注
35	验收	分项工程质量验收记录；必要时应核查检验批验收记录				
36		建筑围护结构节能构造现场检验记录，严寒、寒冷和夏热冬冷地区外窗气密性现场检测报告				
37		风管及系统严密性检验记录，现场组装的组合式空调机组的漏风量测试记录，设备单机试运转及调试记录，系统联合试运转及调试记录，系统节能性能检验报告，施工方案等重要技术资料				
结果统计		符合 项 / 基本符合 项 / 不符合 项				

检查组成员签字： 检查日期：

附表 3-6　工程建设各方责任主体和有关机构质量行为检查表

单位	序号	检查项目	检查情况	评价
建设单位	1	施工前办理质量监督手续情况	按规定办理 未按规定办理	□符合 □不符合
	2	施工前办理施工图设计文件审查情况	按规定办理 未按规定办理	□符合 □不符合
	3	施工前办理施工许可（开工报告）情况	按规定办理 未按规定办理	□符合 □不符合
	4	按规定委托监理情况	按规定委托 未按规定委托	□符合 □不符合
	5	组织图纸会审、设计交底、设计变更工作情况	按规定组织 未按规定组织	□符合 □不符合
	6	原设计有重大修改、变动的，施工图设计文件重新报审情况	按要求重新报审 未重新报审	□符合 □不符合
勘察设计单位	7	勘察单位资质情况	单位资质符合相应要求 单位资质不符合相应要求	□符合 □不符合
	8	设计单位资质情况	单位资质符合相应要求 单位资质不符合相应要求	□符合 □不符合
	9	参加地基验槽、基础、主体结构及有关重要部位工程质量验收情况	全部参加验收工作 部分参加验收工作 未参加任何验收工作	□符合 □基本符合 □不符合
	10	签发设计修改变更、技术洽商通知情况	全部签发 签发主要的设计变更、技术洽商通知 没有签发	□符合 □基本符合 □不符合
	11	参加有关工程质量问题的处理情况	参加有关工程质量问题的处理 未参加有关工程质量问题的处理	□符合 □不符合
施工单位	12	单位资质情况	单位资质符合相应要求 单位资质不符合相应要求	□符合 □不符合
	13	项目经理资格和到位情况	项目经理资格符合相应要求，人员到位 项目经理资格符合相应要求，但人员没有到位 项目经理资格不符合相应要求	□符合 □基本符合 □不符合

续表

单位	序号	检查项目	检查情况	评价
施工单位	14	主要专业工种操作人员上岗资格、配备及到位情况	主要专业工种操作人员上岗资格符合相应规定，工种配备到位 主要专业工种操作人员上岗资格符合相应规定，工种配备不到位 主要专业工种操作人员上岗资格不符合相应规定	□符合 □基本符合 □不符合
	15	施工组织设计或施工方案审批及执行情况	按管理制度审批，并严格执行 按管理制度审批，但执行过程中有偏差 审批程序混乱，不按施工组织设计或施工方案执行	□符合 □基本符合 □不符合
	16	施工现场施工操作技术规程及国家有关规范、标准的配置情况	按规定配置 配置不全 没按规定配置	□符合 □基本符合 □不符合
	17	工程技术标准及审查合格的施工图设计文件的实施情况	严格按照工程技术标准及审查合格的施工图设计文件实施 不严格按照工程技术标准及审查合格的施工图设计文件实施 不按照工程技术标准及审查合格的施工图设计文件实施	□符合 □基本符合 □不符合
	18	质量问题和质量事故处理情况	处理及时，整改措施有效 处理及时，但整改不到位 未及时处理	□符合 □基本符合 □不符合
监理单位	19	单位资质情况	单位资质符合相应要求 单位资质不符合相应要求	□符合 □不符合
	20	总监理工程师资格及到位情况	总监理工程师资格符合相应要求，人员到位 总监理工程师资格符合相应要求，但人员没到位 总监理工程师资格不符合相应要求	□符合 □基本符合 □不符合
	21	监理规划、监理实施细则的编制审批内容的执行情况	按规定编制、审批，并严格执行 按规定编制、审批，但执行不认真 未按规定编制、审批	□符合 □基本符合 □不符合
	22	对材料、构配件、设备投入使用或安装前进行审查情况	认真进行审查 不认真进行审查 未进行审查	□符合 □基本符合 □不符合
	23	对分包单位的资质进行核查情况	严格进行核查 不严格进行审查 未进行核查	□符合 □基本符合 □不符合
	24	见证取样制度的实施情况	严格实施见证取样制度 不严格实施见证取样制度 未实施见证取样制度	□符合 □基本符合 □不符合
	25	对重点部位、关键工序实施旁站监理情况	严格按规定实施旁站监理 实施旁站监理，但不严格到位 未实施旁站监理	□符合 □基本符合 □不符合
	26	检验批、分项、分部（子分部）工程质量验收情况	严格按检验批、分项、分部（子分部）工程质量验收 不严格按检验批、分项、分部（子分部）工程质量验收 不按检验批、分项、分部（子分部）工程质量验收	□符合 □基本符合 □不符合

续表

单位	序号	检查项目	检查情况	评价
监理单位	27	质量问题通知单签发及质量问题整改结果的复查情况	质量问题通知单签发手续齐全，质量问题整改结果复查的及时性，资料齐全 质量问题通知单签发手续不全，质量问题整改结果的复查资料不全 不按规定签发质量问题通知单，质量问题整改结果不复查	□符合 □基本符合 □不符合
工程质量检测机构	28	是否超出资质范围从事检测活动	在资质范围内承接任务 超出资质范围承接任务	□符合 □不符合
	29	检测报告形成程序、数据及结论的符合性程度	检测报告严格按规定、按程序审批 出具虚假检测报告	□符合 □不符合
施工图审查机构	30	是否超越认定的审查范围	严格在认定的审查范围从事审查工作 超越认定的审查范围从事审查工作	□符合 □不符合
	31	是否按国家规定的审查内容进行审查	严格按国家规定进行施工图审查 存在错审、漏审	□符合 □不符合
结果统计	建设单位	符合　　　项　/　基本符合　　　项　/　不符合　　　项		
	勘察设计单位	符合　　　项　/　基本符合　　　项　/　不符合　　　项		
	施工单位	符合　　　项　/　基本符合　　　项　/　不符合　　　项		
	监理单位	符合　　　项　/　基本符合　　　项　/　不符合　　　项		
	工程质量检测机构	符合　　　项　/　基本符合　　　项　/　不符合　　　项		
	施工图审查机构	符合　　　项　/　基本符合　　　项　/　不符合　　　项		
	合计	符合　　　项　/　基本符合　　　项　/　不符合　　　项		

检查组成员签字：　　　　　　　　　　　　　　　　检查日期：

附表 3-7　建筑安全检查表

序号	项目分类	检查项目	基本情况及存在的问题	评价
1	企业及工程项目安全管理相关工作情况	"安全年"、建筑安全专项整治、"打非"行动等活动部署落实情况		
2		危险性较大的分部分项工程安全管理情况		
3		安全生产培训及相关人员持证上岗情况		
4	施工现场安全防护情况	基坑安全防护		
5		洞口临边防护		
6		脚手架安全防护		

注：1. 表中第 4、5、6 项依据《建筑施工安全检查标准》（JGJ 59—2011）等施工安全技术标准规范进行检查。

　　2. 表中评价一列，请按照检查情况，结合相关标准要求，填写"符合"或"不符合"。

检查组成员签字：　　　　　　　　　　　　　　　　检查日期：

附表 3-8　住房和城乡建设主管部门质量管理工作情况表

地区：_____

序号	检查项目	工作内容	
1	贯彻《关于做好住宅工程质量分户验收工作的通知》（建质〔2009〕291 号）情况	根据实际情况提出相应工作要求	
		未提出工作要求	
2	贯彻《关于进一步强化住宅工程质量管理和责任的通知》（建市〔2010〕68 号）情况	根据实际情况提出相应工作要求	
		未提出工作要求	
3	贯彻《关于做好房屋建筑和市政基础设施工程质量事故报告和调查处理工作的通知》（建质〔2010〕111 号）情况	根据实际情况提出相应工作要求	
		未提出工作要求	
4	贯彻《房屋建筑和市政基础设施工程质量监督管理规定》（住房和城乡建设部令第 5 号）及《关于贯彻实施〈房屋建筑和市政基础设施工程质量监督管理规定〉的通知》（建质〔2010〕159 号）情况	根据实际情况提出相应工作要求	
		未提出工作要求	
5	贯彻《关于进一步加强建筑工程使用钢筋质量管理工作的通知》（建质〔2011〕26 号）情况	根据实际情况提出相应工作要求	
		未提出工作要求	
6	贯彻《关于加强保障性安居工程质量管理的通知》（建保〔2011〕69 号）情况	根据实际情况提出相应工作要求	
		未提出工作要求	
7	贯彻全国保障性安居工程质量管理电视电话会议情况	传达会议精神，布置有关工作	
		未传达会议精神	
8	法规性文件编制情况（2009 年 10 月以来）	地方性法规、规章数量	
		规范性文件数量	
9	技术标准编制情况（2009 年 10 月以来）	标准、规范数量	
		技术导则数量	

序号	检查项目	次数	工程类型	受检工程数量		发放执法告知书数量	
				所有检查	其中本次自查	所有检查	其中本次自查
10	省级住房和城乡建设主管部门开展的各类工程质量监督执法检查情况（2009 年 10 月以来）		公共建筑				
			商品住宅				
			保障房				
			其他				
			合计				

序号	检查项目	工作内容		
11	工程质量事故及投诉情况（2009 年 10 月以来）	工程质量事故数量		
		工程质量投诉数量	保障房	
			其他	

检查组成员签字：　　　　　　　　　　检查日期：

附表 3-9　受检工程一览表

地区：

序号	工程名称	工程类型	建筑规模	是否发放执法建议书
1				
2				
3				
4				
5				
6				

附表 3-10　建筑市场各方主体从业行为检查表

单位	序号	问题	结果		备注
招投标	1	达到规模标准的，是否依法进行招标	是□	否□	
	2	应公开招标的，是否采用公开招标方式招标	是□	否□	
	3	是否进入有形市场交易	是□	否□	
	4	招标代理机构是否具有相应资格等级证书	是□	否□	
	5	自招标文件开始发出之日起至投标人提交文件截止之日止，时间是否不少于二十日	是□	否□	
	6	评标委员会组成是否符合规定	是□	否□	
	7	评标结果是否公示	是□	否□	
	8	是否按照中标文件签订合同	是□	否□	
	9	资格预审文件、招标文件是否有明显排斥潜在投标人等违法违规行为	是□	否□	
勘察设计单位	10	是否具有相应资质等级证书	是□	否□	
	11	文件编制单位与签订合同单位是否一致	是□	否□	
	12	勘察、设计是否分别进行了施工图文件审查	是□	否□	
	13	建筑师、结构工程师、土木工程师（岩土）等注册执业人员是否按照规定签章	是□	否□	
建设单位	14	是否严格执行项目法人责任制，项目法人组建是否规范，人员结构是否合理，内部制度是否完善，履行责任是否到位	是□	否□	
	15	是否存在肢解发包、直接指定专业分包、劳务分包人问题	是□	否□	
	16	是否依法领取施工许可证	是□	否□	
	17	是否存在拖欠工程款问题	是□	否□	
施工单位	18	施工总承包企业、专业承包企业、劳务分包企业是否具有相应资质等级证书	是□	否□	
	19	项目经理是否具有相应的注册建造师资格，且在岗	是□	否□	
	20	是否在施工现场设立项目管理机构和管理人员	是□	否□	

续表

单位	序号	问题	结果		备注
施工单位	21	项目经理和主要管理人员是否与中标文件、签订合同一致	是□	否□	
	22	合同签订后，项目经理和主要管理人员变更是否征得甲方同意，变更手续是否齐全	是□	否□	
	23	施工总承包企业与项目负责人及主要管理人员间是否签订劳动合同	是□	否□	
	24	施工总承包企业是否制定劳务分包管理和农民工工资支付制度，且在现场配备相应的管理人员	是□	否□	
	25	用工企业是否按照合同约定足额支付农民工工资	是□	否□	
监理单位	26	是否具有相应等级资质证书	是□	否□	
	27	项目监理机构的总监是否取得建设行政主管部门颁发的国家注册执业资格证书，是否到岗履职	是□	否□	
	28	工程监理实际取费是否在规定收费标准上下浮动20%	是□	否□	实际为取费标准的_____%
	29	实际监理合同与中标书、备案监理合同的监理费用是否一致	是□	否□	实际监理费用比_____少_____万
	30	项目监理机构和人员配备是否符合投标文件和监理规划要求；监理合同签订后，项目监理机构人员变更是否征得甲方同意，变更手续是否齐全	是□	否□	有_____人未征得甲方同意，有_____人变更手续不齐全
	31	根据社保清单认定项目监理机构监理人员是否通过中标监理单位缴纳社会保险	是□	否□	有_____未缴纳
	32	是否编制《监理规划》和《监理实施细则》	是□	否□	
	33	施工组织设计、专项施工方案是否审核	是□	否□	
	34	是否审查施工承包人报送的建筑材料、建筑构配件和设备的质量证明资料，抽检进场的建筑材料、建筑构配件的质量	是□	否□	有_____项未审查
	35	工程进度控制，是否定期检查进度计划执行情况，对实际进度与计划进度进行对比分析	是□	否□	
	36	工程造价控制，工程款拨付是否经总监理工程师审核签字	是□	否□	
	37	现场工地例会记录、日志、月报是否规范、完整	是□	否□	有_____项不完整

注：如果"结果"栏无法填写，请在"备注"栏写清检查情况。

检查组成员签字： 检查日期：

参考文献

[1] 中华人民共和国住房和城乡建设部. 建筑施工模板安全技术规范（JGJ 162—2008）[S]. 北京：中国建筑工业出版社，2009.

[2] 中华人民共和国国家质量监督检验检疫总局，中国国家标准化管理委员会. 安全标志及其使用导则（GB 2894—2008）[S]. 北京：中国标准出版社，2008.

[3] 中华人民共和国住房和城乡建设部，中华人民共和国国家质量监督检验检疫总局. 建筑施工组织设计规范（GB/T 50502—2009）[S]. 北京：中国建筑工业出版社，2009.

[4] 中华人民共和国住房和城乡建设部. 建筑施工作业劳动防护用品配备及使用标准（JGJ 184—2009）[S]. 北京：中国建筑工业出版社，2010.

[5] 中华人民共和国住房和城乡建设部，中华人民共和国国家质量监督检验检疫总局. 建筑地面工程施工质量验收规范（GB 50209—2010）[S]. 北京：中国计划出版社，2010.

[6] 中华人民共和国住房和城乡建设部. 建筑工程检测试验技术管理规范（JGJ 190—2010）[S]. 北京：中国建筑工业出版社，2010.

[7] 中华人民共和国住房和城乡建设部，中华人民共和国国家质量监督检验检疫总局. 混凝土结构工程施工规范（GB 50666—2011）[S]. 北京：中国建筑工业出版社，2012.

[8] 中华人民共和国住房和城乡建设部，中华人民共和国国家质量监督检验检疫总局. 砌体结构工程施工质量验收规范（GB 50203—2011）[S]. 北京：中国建筑工业出版社，2012.

[9] 中华人民共和国住房和城乡建设部，中华人民共和国国家质量监督检验检疫总局. 钢结构工程施工规范（GB 50755—2012）[S]. 北京：中国建筑工业出版社，2012.

[10] 中华人民共和国住房和城乡建设部，中华人民共和国国家质量监督检验检疫总局. 建设工程监理规范（GB/T 50319—2013）[S]. 北京：中国建筑工业出版社，2013.

[11] 中华人民共和国住房和城乡建设部. 装配式混凝土结构技术规程（JGJ 1—2014）[S]. 北京：中国建筑工业出版社，2014.

[12] 中华人民共和国住房和城乡建设部，中华人民共和国国家质量监督检验检疫总局. 混凝土结构工程施工质量验收规范（GB 50204—2015）[S]. 北京：中国建筑工业出版社，2015.

[13] 中华人民共和国住房和城乡建设部. 钢筋套筒灌浆连接应用技术规程（JGJ 355—2015）[S]. 北京：中国建筑工业出版社，2015.

[14] 中华人民共和国住房和城乡建设部，中华人民共和国国家质量监督检验检疫总局. 建设工程施工项目管理规范（GB 50216—2017）[S]. 北京：中国建筑工业出版社，2018.

[15] 中华人民共和国住房和城乡建设部，中华人民共和国国家质量监督检验检疫总局. 建筑装饰装修工程质量验收规范（GB 50210—2018）[S]. 北京：中国建筑工业出版社，2018.

[16] 中华人民共和国住房和城乡建设部，中华人民共和国国家质量监督检验检疫总局. 建筑地基基础工程施工质量验收标准（GB 50202—2018）[S]. 北京：中国计划出版社，2018.

[17] 中华人民共和国住房和城乡建设部，中华人民共和国国家质量监督检验检疫总局. 建筑节能工程施工质量验收规范（GB 50411—2019）[S]. 北京：中国建筑工业出版社，2019.

[18] 中华人民共和国住房和城乡建设部，中华人民共和国国家质量监督检验检疫总局. 钢结构工程施工质量验收规范（GB 50205—2020）[S]. 北京：中国计划出版社，2020.